中国生产力促进中心协会
智慧城市卫星产业工作委员会 推荐

5G应用从入门到精通

苏秉华 吴红辉 滕悦然 编著

化学工业出版社
·北京·

《5G应用从入门到精通》是一本5G应用入门级读物，全书分基础篇和应用篇两个部分。

基础篇包括5G的认知、5G的发展、5G的网络建设、5G的产业布局四章内容；应用篇包括5G与云化虚拟现实、5G与超高清视频、5G与车联网、5G与联网无人机、5G与智能安防、5G与智慧灯杆、5G与智慧电力、5G与医疗健康、5G与智能工厂、5G与智慧农业、5G与智慧教育十一章内容。

本书去理论化，简单易懂，全面系统地涵盖了5G的相关知识，简明扼要地介绍了这一学科的基础知识，既适合5G相关领域和对该领域感兴趣的读者阅读，也适合大中专院校的老师、学生以及科普机构、基地的参观者学习参考。

图书在版编目（CIP）数据

5G应用从入门到精通/苏秉华，吴红辉，滕悦然编著.—北京：化学工业出版社，2020.5

ISBN 978-7-122-36235-3

Ⅰ.①5…　Ⅱ.①苏…②吴…③滕…　Ⅲ.①无线电通信-移动通信-通信技术　Ⅳ.①TN929.5

中国版本图书馆CIP数据核字（2020）第028651号

责任编辑：陈　蕾　　装帧设计：尹琳琳
责任校对：李雨晴

出版发行：化学工业出版社（北京市东城区青年湖南街13号　邮政编码100011）
印　　装：三河市延风印装有限公司
787mm×1092mm　1/16　印张13½　字数259千字　2020年5月北京第1版第1次印刷

购书咨询：010-64518888　　售后服务：010-64518899
网　　址：http://www.cip.com.cn
凡购买本书，如有缺损质量问题，本社销售中心负责调换。

定　　价：68.00元　

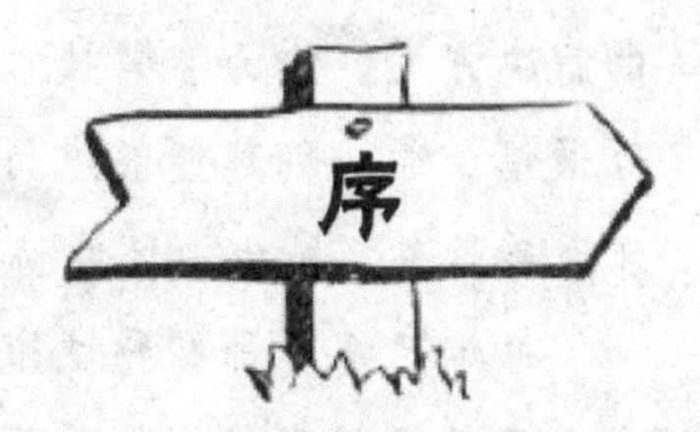

随着全球化的发展，人与人之间的关系变得越来越紧密，因此对技术的依赖性也越来越强。新一轮人工智能、5G、区块链、大数据、云计算、物联网技术正在改变人们处理工作及日常活动的方式，大量智慧终端也已开始应用于人类社会的各种场景。虽然“智慧城市”的概念提出已有很多年，但作为城市发展的未来，问题仍然不少。但最重要的，是我们如何将这种新技术与人类社会实际场景有效地结合起来！

传统理解上，人们普遍认为利用数据和数字化技术解决公共问题是政府机构或者公共部门的责任，但实际情况并不尽然。虽然政府机构及公共部门是近七成智慧化应用的真正拥有者，但这些应用近六成的原始投资来源于企业或私营部门。可见，地方政府完全不需要由自己主导提供每一种应用和服务。目前也有许多智慧城市采用了借助构建系统生态的方法，通过政府引导、企业或私营部门合作投资，共同开发智慧化应用创新解决方案。

打造智慧城市最重要的动力是来自政府管理者的强大意愿，政府和公共部门可以思考在哪些领域可以适当留出空间，为企业或其他私营部门提供创新余地。合作方越多，应用的使用范围就越广，数据的使用也会更有创意，从而带来更出色的效益。

与此同时，智慧解决方案也正悄然地改变着城市基础设施运行的经济效益，促使管理部门对包括政务、民生、环境、公共安全、城市交通、废物管理等在内的城市基本服务方式进行重新思考。而对企业而言，打造智慧城市无疑也为他们创造了新的机遇。因此很多城市的多个行业已经逐步开始实施智慧化的解决方案，变革现有的产品和服务方式。比如，药店连锁企业开始变身为远程医药提供商，而房地产开发商开始将自动化系统、传感器、出行方案等整合到其物业管理中，形成智慧社区。

1.未来的城市

智慧城市将基础设施和新技术结合在一起，以改善公民的生活质量，并加强他们与城市环境的互动。但是，如何整合和有效利用公共交通、空气质量和能源生产等领域的数据以使城市更高效有序的运营呢？

5G时代的到来，高带宽的支持与物联网（IoT）融合，将使城市运营问题有了更好的解决方案。作为智慧技术应用的一部分，物联网使各种对象和实体能够通过互联网相互通信。通过创建能够进行智能交互的对象网络，门户开启了广泛的技术创新，这有助于改善政务、民生、环境、公共安全、城市交通、能源、废物管理等方面。

每年巴塞罗那智慧城市博览会世界大会，汇集了全球城市发展的主要国际人物及厂商。通过提供更多能够跨平台通信的技术，物联网可以生成更多数据，有助于改善日常生活的各个方面。城市可以实时识别机遇和挑战，通过在问题出现之前查明问题并更准确地分配资源以最大限度地发挥影响来降低成本。

2.效率和灵活性

通过投资公共基础设施，智慧城市为城市带来高效率的运营及灵活性。巴塞罗那市通过在整个城市实施光纤网络采用智能技术，提供支持物联网的免费高速 Wi-Fi。通过整合智慧水务、照明和停车管理，巴塞罗那节省了7500万欧元的城市资金，并在智慧技术领域创造了47000个新工作岗位。

荷兰已在阿姆斯特丹测试了基于物联网的基础设施的使用情况，该基础设施根据实时数据监测和调整交通流量、能源使用和公共安全等领域。与此同时，在美国波士顿和巴尔的摩等主要城市已经部署了智能垃圾桶，这些垃圾桶可以传输它们的充足程度数据，并为卫生工作者确定最有效的接送路线。

物联网为愿意实施新智慧技术的城市带来了大量机遇，大大提高了城市运营效率。此外，大专院校也在寻求最大限度地发挥综合智能技术的影响力，大学本质上是一个精简的微缩城市版本，通常拥有自己的交通系统、小企业以及自己的学生，这使得校园成为完美的试验场，智慧教育将极大地提高学校老师与学生的互动能力、学校的管理者与教师的互动效率、学生与校园基础设施互动的友好性。在校园里，您的手机或智能手表可以提醒您一个课程以及如何到达课程，为您提供截止日期的最新信息，并提示您从图书馆借来的书籍逾期信息。虽然与全球各个城市实施相比，这些似乎只是些小改进，但它们可以帮助形成未来发展的蓝图，可以升级以适应智慧城市更大的发展需求。

3.未来的发展

随着智慧技术的不断发展和城市中心的扩展，两者将相互联系。例如，美国、日本、英国都计划将智慧技术整合到未来的城市开发中，并使用大数据来做出更好的决策以升级国家的基础设施，因为更好的政府决策将带来城市经济长期可持续繁荣。

Shuji Nakamura（中村修二），日本裔美国电子工程师和发明家，是高亮度蓝色发光二极管与青紫色激光二极管的发明者，被誉为“蓝光之父”，擅长半导体技术领域，现担任加州大学圣芭芭拉分校材料系教授，中村教授获得了一系列荣誉，包括仁科纪念奖（1996）、英国顶级科学奖（1998）、富兰克林奖章（2002）、2006年获得千禧技术奖等。因发明蓝色发光二极管即蓝光LED，2014年被授予诺贝尔物理学奖。

诺贝尔奖评选委员会的声明说：“白炽灯点亮了20世纪，21世纪将由LED灯点亮。”

当今，以人工智能、5G、云计算为主导的第四次工业革命所带来的改变，已在悄然发生，5G、云、IoT、AI的融合应用正在塑造一个万物感知、万物互联、万物智能的世界，它比我们想象中更快地到来。展望未来，我们可以预见触手可及的智能世界，每个人、每个企业、每个行业都将从中获得新能力，挖掘新机会，创造无限可能。

众所周知，5G将成为一个统一的连接架构，能够利用不同的频谱、满足不同的服务需求、采取不同的部署模式，从而实现万物互联。不同于2G、3G或者4G网络，5G并不是独立的、全新的无线接入技术，而是对现有无线接入技术（包括3G、4G和Wi-Fi）的技术演进，以及一些新增的补充性无线接入技术集成后解决方案的总称。从某种程度上讲，5G将是一个真正意义上的融合网络，以融合和统一的标准，提供人与人、人与物以及物与物之间高速、安全和自由的联通。

随着5G在全球的普及，未来的创新将无处不在。

2019年8月20日～21日，以"先进制造，现代服务"为主题的第三届中国服务型制造大会上，工信部副部长王江平在大会上发表书面讲话称"5G商用已迈出坚实一步，在这一重大通信技术进度带动下，很多行业都会出现颠覆性变化，不仅为企业变革资源利用方式、生产组织形式和商业模式带来机遇，也为推动企业聚焦核心产品和业务开展服务型制造，提升专业化和精细化水平，持续培育竞争优势，提供了更加广阔的发展空间。"

许多人对5G有强烈的好奇感，许多行业都希望借5G之力可以有更深更广阔的发展，然而对于5G及与5G相关的一些耳熟能详的概念，如数字家庭、智能终端、新型显示、IC、汽车电子、物联网、智能制造、人工智能、区块链、云计算、大数据、边缘计算、智慧家庭、车联网、机器人、无人机等却并不是很清楚。但是这些新技术已经给我们的传统生活方式、工作方式带来了颠覆，正深刻地改变着人类的生产方式、生活方式及思维方式，改变着人类文明的进程。因此，我们有必要认识和了解这些概念以及它们之间的关系。

基于此，我们以简单的概念、去理论化的说教，整理了"零基础科普知识入门读物丛书”，第一辑首先提取了目前比较热门的5G应用和人工智能应用两个主题进行了编写整理，以供读者学习、参考。

随着5G（第五代移动电话行动通信标准，也称第五代移动通信技术）技术的逐步成熟，5G除了带来更极致的体验和更大的容量外，5G技术将推动移动互联网、物联网、大数据、云计算、人工智能等关联领域裂变式发展，在制造业、农业、金融、教育、医疗、社交等垂直行业将赋予新应用。

《5G应用从入门到精通》是一本5G应用入门级读物，全书分基础篇和应用篇两个部分。基础篇包括5G的认知、5G的发展、5G的网络建设、5G的产业布局四章内容，应用篇包括5G与云化虚拟现实、5G与超高清视频、5G与车联网、5G与联网无人机、5G与智能安防、5G与智慧灯杆、5G与智慧电力、5G与医疗健康、5G与智能工厂、5G与智慧农业、5G与智慧教育十一章内容。

本书提供了大量的案例，但案例是为了佐证5G的商用，概不构成任何广告；在任何情况下，本书中的信息或所表述的意见均不构成对任何人的投资建议；同时，本书中的信息来源于已公开的资料，作者已对相关信息的准确性、完整性或可靠性做尽可能的追索。

本书去理论化，简单易懂，全面系统地涵盖了5G的相关知识，既适合5G相关领域和对该领域感兴趣的读者阅读，也适合大中专院校的老师、学生以及科普机构、基地的参观者学习参考。

由于笔者水平有限，加之时间仓促、参考资料有限，书中难免出现疏漏与缺憾，敬请读者批评指正。同时，由于写作时间紧迫，部分内容引自互联网媒体，其中有些未能一一与原作者取得联系，请您看到本书后及时与编者联系。

编著者

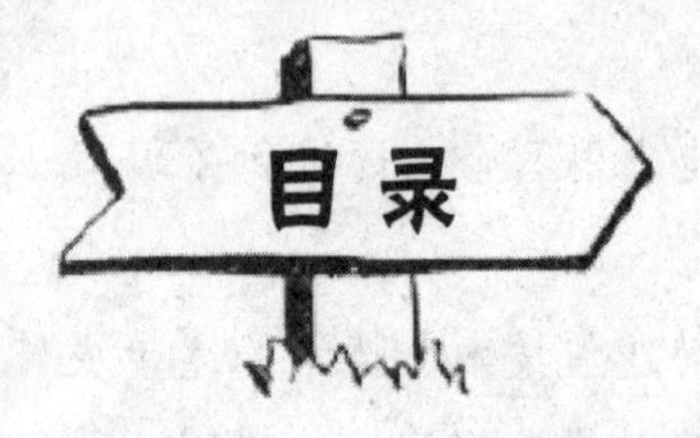

01

第一部分　基础篇

02

第二部分 应用篇

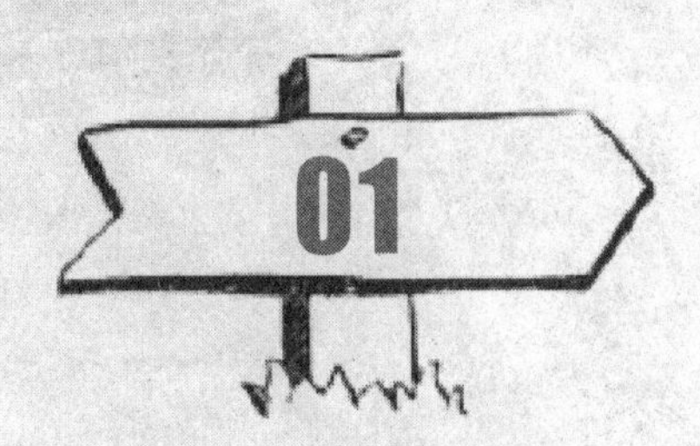

第一部分

基础篇

5G不仅是新一代移动通信技术，更是经济和社会发展的基础设施。5G将带我们进入万物互联时代。

01

第一章
5G的认知

导言

2019年6月6日，工信部向中国电信、中国移动、中国联通、中国广电发放5G商用牌照，这比此前的市场预期提前了半年，预示着目前5G技术和产品日趋成熟，系统、芯片、终端等产业链主要环节基本达到商用水平，中国的5G时代已然来临。

一、5G的概念

5G（5th-Generation）即第五代移动电话行动通信标准，也称第五代移动通信技术，是4G之后的延伸。

在未来，5G将渗透到社会的各个领域，以用户为中心构建全方位的信息生态系统，通过为用户提供超高的接入速率，零时延的使用体验，千亿设备的连接能力，超高流量密度、超高连接数密度和超高移动性等多场景的一致服务，最终实现“信息随心至，万物触手及”的愿景目标。

二、5G的基本性能

5G的基本性能可概括为“6+3”，即6个功能指标+3个效率指标。

1.功能指标

5G的6个功能指标如表1-1所示，在不同的应用场景下，如虚拟现实、超高清视频、云存储、车联网等，6个功能指标的要求不尽相同。

表 1-1　5G 的 6 个功能指标

序号	名称	定义
1	用户体验速率（Gbps）	真实网络环境下用户可获得的最低传输速率，支持0.1 ～ 1Gbps的用户体验速率
2	连接数密度（$10^4/km^2$）	单位面积上支持的在线设备总和，每平方千米一百万的连接数密度
3	端到端时延（ms）	数据包从源节点开始传输到被目的节点正确接收的时间，不高于2ms的端到端时延
4	移动性（km/h）	满足一定性能要求时，收发双方间的最大相对移动速度，每小时500km以上的移动性
5	流量密度（$Tbps/km^2$）	单位面积区域内的总流量
6	用户峰值速率（Gbps）	单用户可获得的最高传输速率，数十Gbps的峰值速率

2. 效率指标

5G的3个效率指标如图1-1所示。

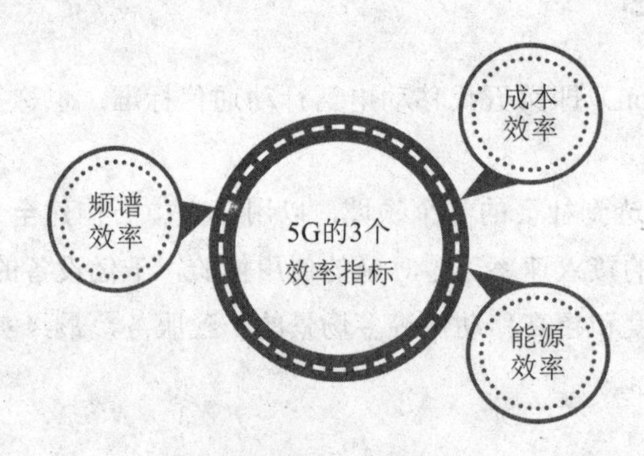

图1-1　5G的3个效率指标

相比于4G系统，5G系统的基本性能获得大幅提升，频谱效率提高5 ～ 15倍，能源效率和成本效率提高百倍以上。

三、5G的技术指标

根据IMT-2020（5G）推进组提出的5G概念，5G由标志性能力指标和一组关键技术来定义。其中，标志性能力指标指“Gbps用户体验速率”，一组关键技术包括大规模天线阵列、超密集组网、新型多址、全频谱接入和新型网络架构。如图1-2所示。

图1-2　5G的关键技术

图1-2所示说明：

（1）大规模天线阵列是提升系统频谱效率的最重要技术手段之一，对满足5G系统容量和速率需求将起到重要的支撑作用。

（2）超密集组网是通过增加基站部署密度，可实现百倍量级的容量提升，是满足5G千倍容量增长需求的最主要手段之一。

（3）新型多址技术是通过发送信号的叠加传输来提升系统的接入能力，可有效支撑5G网络千亿设备连接需求。

（4）全频谱接入技术是通过有效利用各类频谱资源，可有效缓解5G网络对频谱资源的巨大需求。

（5）新型网络架构是基于SDN、NFV和云计算等先进技术，可实现以用户为中心的更灵活、智能、高效和开放的5G新型网络。

四、5G的三大场景

ITU（国际电信联盟）定义了5G的三大场景，如图1-3所示。

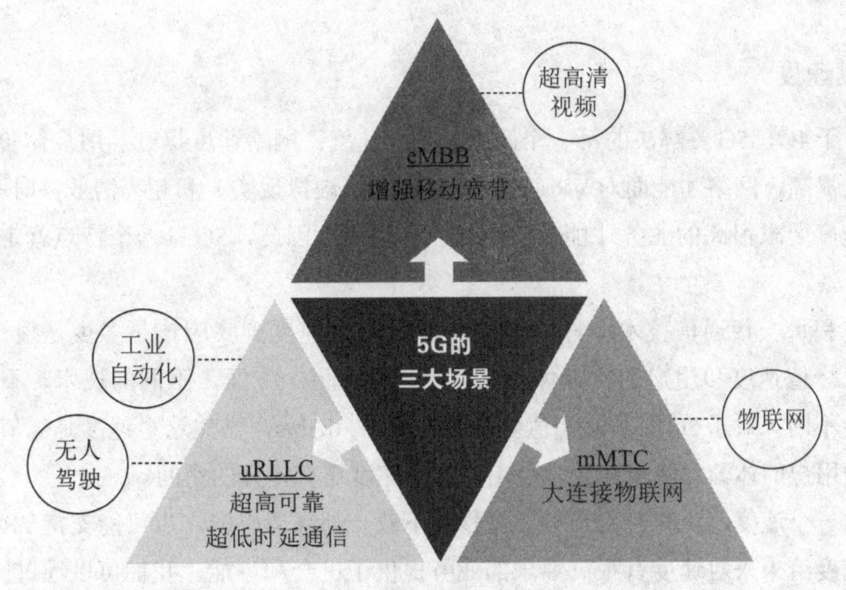

图1-3　5G的三大场景

图1-3所示说明：

（1）eMBB——增强移动宽带，指3D/超高清视频等大流量移动宽带业务。

（2）mMTC——大连接物联网，针对大规模物联网业务。

（3）uRLLC——超高可靠超低时延通信，例如无人驾驶等业务（3G响应为500ms，4G为50ms，5G要求0.5ms）。

从图1-3中我们可以看到，面向个人的应用扩展提升主要在于eMBB；面向万物互联也就是5G最有特点的两个场景——超高可靠超低时延通信和海量机器通信，主要在于uRLLC和mMTC，前者主要应用在自动驾驶、智能工厂、机器人控制、远程控制等领域，后者对数字孪生、智慧城市、智慧农业、智慧楼宇和环境监测等有很重要的作用。

五、5G的特点

5G是在4G基础上，对于移动通信提出更高的要求，它不仅在速度而且还在功耗、时延等多个方面有了全新的提升。具体来说，5G具有图1-4所示的6大基本特点。

图1-4　5G的6大基本特点

1.高速度

相对于4G，5G要解决的第一个问题就是高速度。网络速度提升，用户体验与感受才会有较大提高，网络才能面对VR（Virtual Reality，虚拟现实）和超高清业务时不受限制，对网络速度要求很高的业务才能被广泛推广和使用。因此，5G第一个特点就定义了速度的提升。

其实和每一代通信技术一样，确切地说，5G的速度到底应该是多少是很难确定的，一方面，峰值速度和用户的实际体验速度不一样，另一方面，不同的技术、不同的时期速率也会不同。对于5G的基站峰值要求是不低于20Gb/s，当然这个速度是峰值速度，不是每一个用户的体验。随着新技术使用，这个速度还有提升的空间。

这样一个速度，意味着用户可以每秒钟下载一部高清电影，也可能支持VR视频，这样的高速度给未来对速度有很高要求的业务提供了机会和可能。我们可以通过图1-5来了解5G的速度提升。

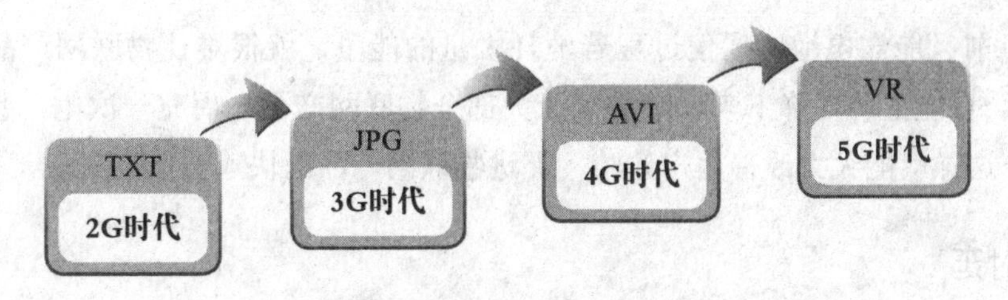

图1-5　5G的速度提升

2. 泛在网

“泛在网”即广泛存在的网络，它以无所不在、无所不包、无所不能为基本特征，以实现在任何时间、任何地点、任何人、任何物都能顺畅地通信为目标。随着业务的发展，网络业务的需要无所不包，广泛存在。5G只有这样才能支持更加丰富的业务，才能在复杂的场景上使用。泛在网有两个层面的含义，如图1-6所示。

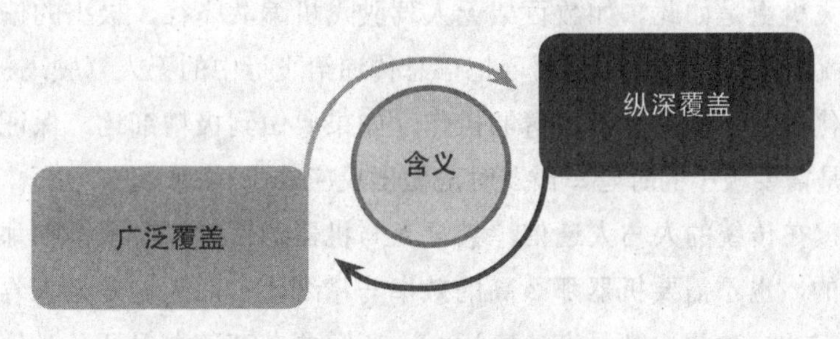

图1-6　泛在网两个层面的含义

（1）广泛覆盖。广泛是指我们社会生活的各个地方需要广覆盖。以前高山峡谷就不一定需要网络覆盖，因为生活的人很少。但是如果能覆盖5G，相关部门就可以大量部署传感器，进行环境、空气质量甚至地貌变化、地震的监测，这就非常有价值。而5G可以为更多这类应用提供网络。

（2）纵深覆盖。纵深是指我们生活中虽然已经有网络部署，但是需要进入更高品质的深度覆盖。今天我们家中已经有了4G网络，但是家中的卫生间可能网络质量不是太好，地下停车库基本没信号。而5G的到来，可把以前网络品质不好的卫生间、地下停车库等广泛覆盖。

3. 低功耗

5G要支持大规模物联网应用，就必须要有功耗的要求。近年来，可穿戴产品有一定发展，但是遇到很多瓶颈，最大的瓶颈就是体验较差。

比如，一款智能手表，需要每天充电，甚至不到一天就需要充电。

所有物联网产品都需要通信与能源，虽然今天通信可以通过多种手段实现，但是能源的供应目前只能靠电池。通信过程若消耗大量的能量，就很难让物联网产品被用户广泛接受。而5G能把功耗降下来，可实现让大部分物联网产品一周充一次电，甚或一个月充一次电，这样就能大大改善用户体验，促进物联网产品的快速普及。

4.低时延

5G的一个新场景是无人驾驶、工业自动化的高可靠连接。人与人之间进行信息交流，140ms的时延是可以接受的，但是如果这个时延用于无人驾驶、工业自动化或者是远程医疗就无法接受。5G对于时延的最低要求是1ms，甚至更低，这就对网络提出严酷的要求。而5G是这些新领域应用的必然要求。

无人驾驶汽车，需要中央控制中心和汽车进行互联，车与车之间也应进行互联，在高速度行动中，一个制动需要瞬间把信息送到车上做出反应，100ms左右的时间，车就会冲出几十米，这就需要在最短的时延中把信息送到车上，进行制动与车控反应。

无人驾驶飞机更是如此。如数百架无人驾驶飞机编队飞行，极小的偏差就会导致碰撞和事故，这就需要在极小的时延中，把信息传递给飞行中的无人驾驶飞机。

工业自动化过程中，一个机械臂的操作，如果要做到极精细化，保证工作的高品质与精准性，也是需要极小的时延，最及时地做出反应。

这些特征，在传统的人与人通信，甚至人与机器通信时，要求都不那么高，因为人的反应是较慢的，也不需要机器那么高的效率与精细化。而无论是无人驾驶飞机、无人驾驶汽车还是工业自动化，都是高速度运行，还需要在高速中保证及时信息传递和及时反应，这就对时延提出了极高要求。

微视角

要满足低时延的要求，就需要在5G网络建构中找到各种办法减少时延。边缘计算这样的技术也会被采用到5G的网络架构中。

5.万物互联

传统通信中，终端是非常有限的，固定电话时代，电话是以人群为定义的。而手机时代，终端数量有了巨大爆发，手机是按个人应用来定义的。到了5G时代，终端不是按人来定义，因为每人可能拥有数个终端，每个家庭可能拥有数个终端。

2018年中国移动终端用户已经达到14亿，以手机为主。而通信业对5G的愿景是每一平方公里可以支撑100万个移动终端。未来接入到网络中的终端，不仅是我们今天的手机，还会有更多千奇百怪的产品，可以说，我们生活中的每一个产品都有可能通过5G接入网络。我们的眼镜、手机、衣服、腰带、鞋子都有可能接入网络，成为智能产品；家中的门窗、门锁、空气净化器、新风机、加湿器、空调、冰箱、洗衣机都可能进入智能时代，也通过5G接入网络，我们的家庭成为智慧家庭。

而社会生活中大量以前不可能联网的设备也会进行联网工作，更加智能。汽车、井盖、电线杆、垃圾桶这些公共设施，以前管理起来非常难，也很难做到智能化，而5G可以让这些设备都成为智能设备。

6.重构安全

传统的互联网要解决的是信息速度、无障碍的传输，自由、开放、共享是互联网的基本精神，但是在5G基础上建立的是智能互联网。智能互联网不仅要实现信息传输，还要建立起一个社会和生活的新机制与新体系。智能互联网的基本精神是安全、管理、高效、方便，安全是5G之后的智能互联网第一位的要求，假设5G建设起来却无法重新构建安全体系，那么会产生巨大的破坏力。

如果我们的无人驾驶系统很容易被攻破，就会像电影上展现的那样，道路上汽车被黑客控制；智能健康系统被攻破，大量用户的健康信息被泄露；智慧家庭被攻破，家中安全根本无保障。这种情况不应该出现，出了问题也不是修修补补可以解决的。

在5G的网络构建中，在底层就应该解决安全问题，从网络建设之初就应该加入安全机制，信息应该加密，网络并不应该是开放的，对于特殊的服务需要建立起专门的安全机制。网络不是完全中立、公平的。

比如，在网络保证上，普通用户上网可能只有一套系统保证其网络畅通，用户可能会面临网络拥堵。但是智能交通体系需要多套网络系统保证其安全运行，保证其网络品质，在网络出现拥堵时，必须保证智能交通体系的网络畅通，而这个体系也不是一般终端可以接入实现管理与控制的。

02

第二章
5G的发展

导言

在移动通信技术从1G向5G的演化过程中，中国的移动通信技术也从1G时代的缺席、2G时代的跟随、3G时代的加速追赶、4G时代的跟跑并跑实现了到5G时代并跑领跑的重大转变。

一、1G到5G的演变

网络的发展包括通信时代的发展，从1G的模拟语音到2G的数字语音和短信，到3G的移动互联网应用，再到4G的数据业务占主导，一直到5G的速率提升和场景升级，发展周期基本是十年一代。具体如图2-1所示。

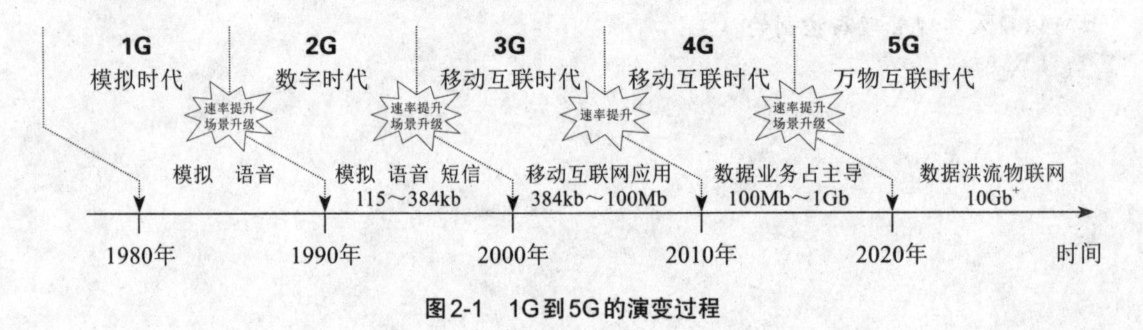

图2-1 1G到5G的演变过程

1.1G模拟时代

1G即第一代移动通信系统，在美国芝加哥诞生，采用的是模拟蜂窝组网，是移动通信时代的开始。

1G只能应用在一般语音传输上，且语音品质低、讯号不稳定，涵盖范围也不够全面。

2.2G数字时代

2G时代由GSM脱颖而出成为最广泛应用的移动通信制式，此时新的通信技术成熟，逐渐挥别1G时代。

从1G跨入2G是从模拟调制进入到数字调制，相较而言，2G声音质量较佳，比1G多了数据传输服务，传输速度为9.6～14.4kbit，且第二代移动通信具备高度的保密性，系统的容量增加许多，同时从2G时代开始，手机也可以上网、发短信了。

3.3G移动互联（图片）时代

3G与2G的主要区别是在传输声音和数据的速度上的提升，它能够在全球范围内更好地实现无线漫游，并处理图像、音乐、视频流等多种媒体形式，提供包括网页浏览、电话会议、电子商务等多种信息服务。

4.4G移动互联（视频）时代

4G是集3G与WLAN于一体并能够传输高质量视频图像且图像传输质量与高清晰度电视不相上下的技术产品。4G具备速度更快、通信灵活、智能性高、高质量通信、费用便宜的特点。4G技术让我们随时看电影、看视频不再是件奢侈的事。

5.5G万物互联时代

5G与前几代不同，并不是一个单一的无线接入技术，而是多种新型无线接入技术和现有4G的演进技术集成后的解决方案总称，从某种程度上讲，5G是一个真正意义上的融合网络，速度一定会优于4G。

具体来说，5G与4G的主要区别如图2-2所示。

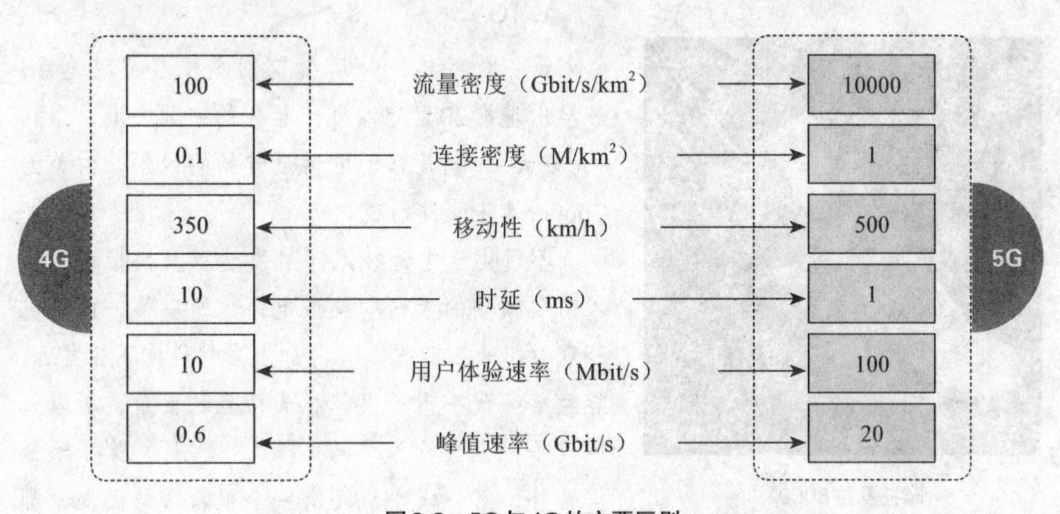

图2-2　5G与4G的主要区别

在5G时代，5G手机能实现如图2-3所示的强大功能。

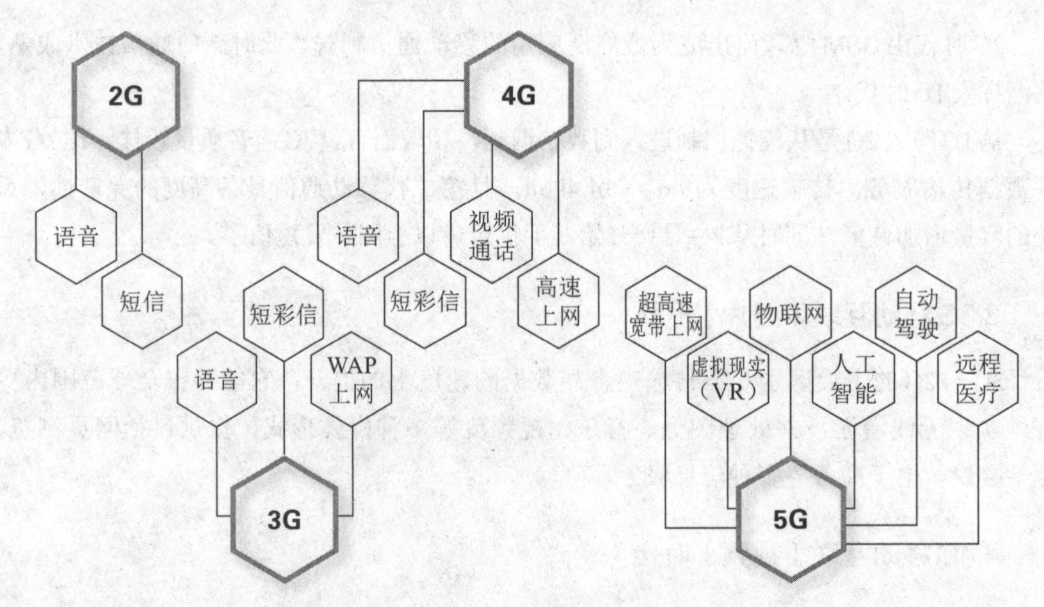

图2-3 5G手机的强大功能

1G到5G，移动通信技术的发展历程

移动通信技术已经成为我们生活、学习、娱乐不可缺少的一部分，技术也不断地更新换代。

1. 1G

摩托罗拉8000X

第一代手机，采用模拟制式技术实现通话，最早出现在20世纪八九十年代的中国香港，俗称“大哥大”，也是移动电话最开始的雏形，由美国Cooper博士研发而成。

不过由于电池技术不够发达以及模拟调制技术需要很多的天线和集成电路，所以第一代手机外观看起来四四方方，再加上当时科技不够发达，导致第一代手机不仅体积大而且还很重，所以第一代手机也被称为“砖头”“黑金刚”。除了不易携带外，第一代手机还有一个很致命的问题，那就是保密性很差，容易被窃听，所以在当时一代手机普及率并没有那么高。

代表性手机：摩托罗拉8000X。

2. 2G

第二代手机采用数字技术实现通话，相较于一代手机，二代手机通话质量更加稳定，信号也更好。同时为了适应数据通信时代，二代手机还加入了彩信业务、上网业务、java程序，也正是从二代手机开始，人们才慢慢接纳这一新事物。

代表性手机：诺基亚、索尼爱立信、摩托罗拉。

Nokia3310

SonyEricssonT618

3. 3G

第三代手机采用移动通信技术，简单来说就是将无线通信与国际互联网相结合，真正实现足不出户就知天下事。

同时，第三代手机也增加了更加实用的功能，如：处理图像、网页浏览、电子商务等信息服务。从三代手机开始就不局限于个人通话以及文字信息传输了，而是慢慢具备与电脑融合的趋势，手机也开始慢慢拥有一些电脑常见功能。

代表性手机：HTC、苹果、三星。

HTCSensation

Iphone3GS

SM-G3559

4. 4G

第四代手机同第三代一样，也是采用移动通信技术，不过相较于三代，四代能传输更多高质量的视频图像，并且传输的视频质量与高清电视不相上下。

而四代手机的到来催生了很多新兴行业，如：直播、视频、手游等。而这与四代手机的传输效率提高是分不开的。

代表性手机：华为、小米、苹果、OPPO、vivo。

HUAWEIP30

小米CC9

5. 5G

2019年是5G年，也是第五代手机的开始，而这也意味着我们将进入一个崭新的时代，相较于四代，五代手机能做到更多东西，比如可以通过网络瞬间将数百台设备连接在一起，并且做到同时运行。

代表性手机：中兴、小米、华为、OPPO、vivo。

Axon10Pro5G手机

Mate20 X5G版

二、全球5G产业规划

随着美国、中国、意大利等国家纷纷推出5G商用服务，全球5G产业链布局已进入冲刺阶段。如图2-4所示。

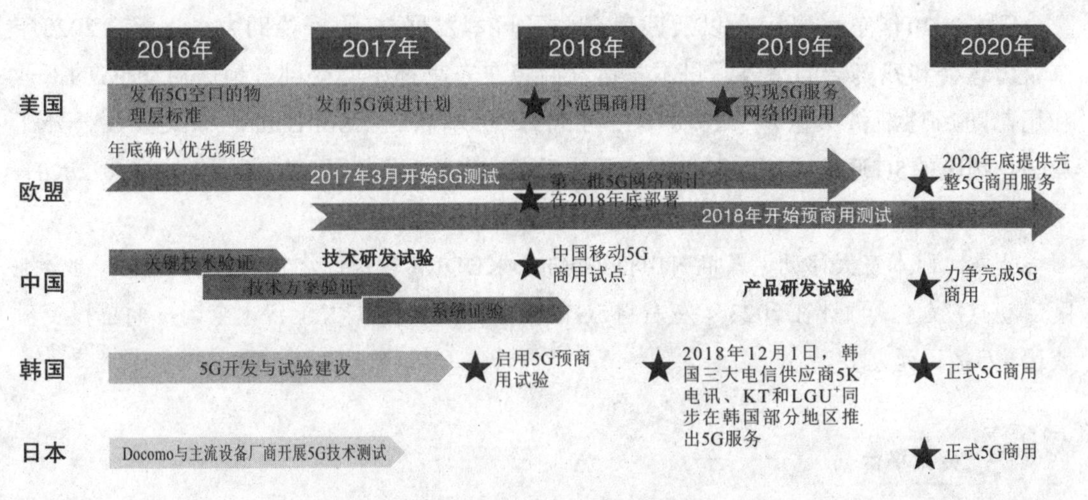

图2-4　全球5G产业链布局

1.美国

2018年10月1日，Verizon宣称在美国4个城市推出了5GHome服务；AT&T在2018年12月21日宣布，在美国十几个城市中正式推出符合3GPP标准的“5G+”服务。可见，早期的5G服务已在美国启动并运行，但仍受制于“5G商用手机尚未商用上市”。目前主要用途还是通过一款类似于Wi-Fi路由器的设备来实现，只不过有了移动属性。

2.欧盟

欧盟是通信标准的主要推动方。2016年9月，欧盟委员会正式公布了5G行动计划，意味着欧盟进入试验和部署规划阶段，同时也被视为对早先美国公布5G计划的一个回应。根据德国发布的5G战略，2020年德国5G将全面商用。2018年，欧盟委员会、欧盟议会和欧盟理事会就欧洲电子通信规范（EECC）达成一致，将采取措施加强5G和其他下一代网络技术的推出。

3.韩国

2018年12月1日，全球首个5G网络商用国出现——韩国。在零点时刻，韩国三大移动通信运营商SKtelecom、KT、LGU⁺共同宣布韩国5G网络正式商用，韩国成为全球第一个使用5G的国家。2019年3月，韩国三大移动通信商拟正式推出面向个人用户群体的5G服务后，韩国5G面向企业和个人用户提供服务。韩国移动通信商推动5G服务的进程，一是推动相关业务的进程较快，重视抢占先机；二是重视打造5G服务生态圈。

4. 日本

日本2020年东京奥运会以及残奥会成了日本发展5G的重要助力。为配合2020年东京奥运会和残奥会的举办，日本各运营商将在东京都中心等部分地区启动5G的商业利用，随后逐渐扩大区域。2018年12月5日，日本软银（SoftBank）株式会社公开了28GHz频段的5G通信实测实验情况，日本总务省为5G准备了3.7GHz、4.5GHz、28GHz三个频段，其中28GHz将是频宽最大的频段。

此外，日本三大移动运营商NTTDoCoMo、KDDI和软银计划将于2020年在一部分地区启动5G服务，预计在2023年左右将5G的商业利用范围扩大至日本全国，而总投资额或达5万亿日元之多。

GSA（全球移动供应商协会）于2019年7月25日发布的《LTE与5G市场统计（2019年7月）》显示，到2019年7月中旬，有31个国家的54家移动通信运营商已经部署了5G技术，截至目前已经有20个国家的35家移动通信运营商推出了符合3GPP标准的5G商用服务。

5G终端也快速发展。GSA于2019年7月8日发布的《5G终端生态系统》显示，截至6月底，全球5G终端已经达到了96款之多。

三、中国5G发展进程

ITU和3GPP都对5G的实施制定了详细的推进计划。它们将实施进程分为3个阶段：5G研究、5G标准化和5G产品研发。ITU在2013年就提出了对5G进行标准前期研究，3GPP在2015年提出了Rel-13标准，旨在为5G的出现做前期标准试探。而我国则在2015年的“十三五规划”中明确提出，中国要积极推进5G建设并在2020年发布5G通用产品。

我国的5G进程主要分为以下四个方面。

（1）技术试验。主要涉及3个阶段，依次完成关键技术验证、技术解决方案验证和相关系统验证。

（2）标准制定。在2018年底完成R15标准制定，在2019年完成R16标准建立。

（3）网络建设。在2018年下半年完成部分5G试验网络建设，2019年及以后开始逐渐推广5G网络建设。

（4）推广应用。计划在2019年下半年下发5G牌照，并从2020年开始在全国大中城市进行5G商用发布。

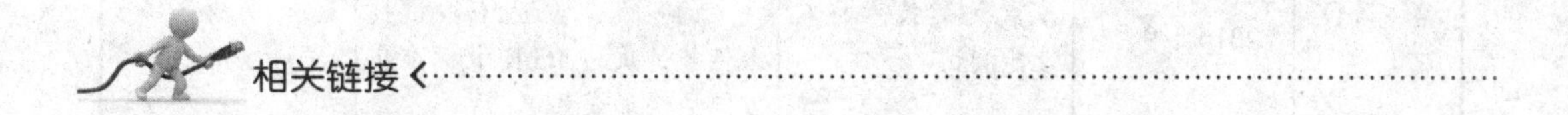

5G技术研发试验进入第三阶段

工信部、中国IMT-2020（5G）推进组于2016年11月份公布了5G网络时间表，中国将于2017年展开5G网络第二阶段测试，2018年进行大规模试验组网，并在此基础上于2019年启动5G网络建设，最快2020年正式商用5G网络。我国5G试验的总体规划方案见下图。

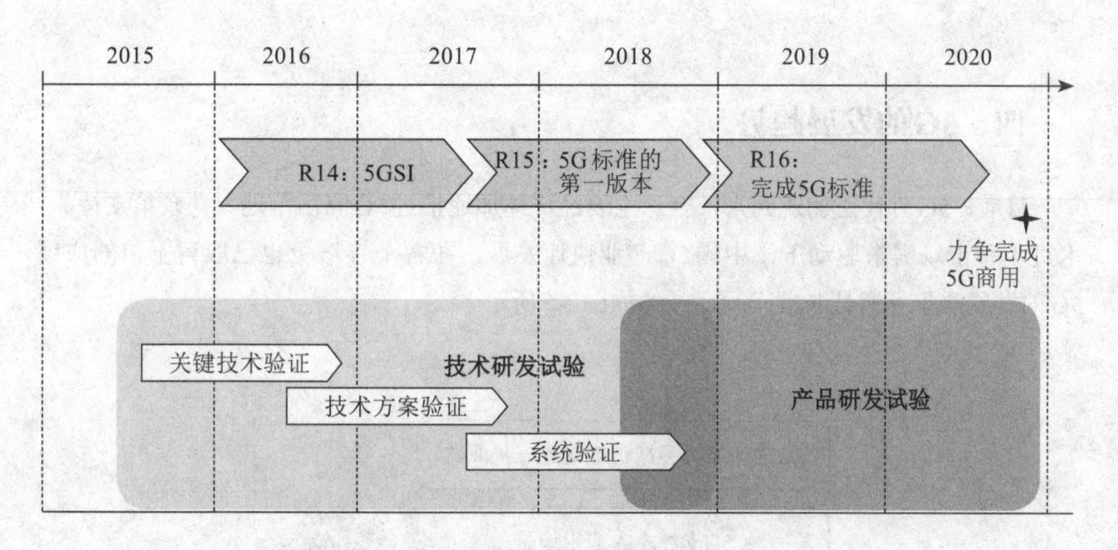

我国5G试验的总体规划方案

我国5G行业起源于2013年，科技部、发改委和工信部联合成立了IMT-2020（5G）推进组，指导5G的工作。该组织旨在集结运营商、设备商、器件商的力量，共同加速我国5G标准和技术的产业化。2016年1月7日，IMT-2020（5G）推进组发布《5G技术研发试验总体方案》，提出我国5G技术研发试验整体分三个阶段进行，包括第一阶段的关键技术验证（2015年9月～2016年9月）、第二阶段的技术方案验证（2016年6月～2017年9月）和第三阶段的系统验证（2017年9月～2018年10月）。如下表所示。

我国5G技术研发试验三阶段

阶段	时间	试验内容	测试目标	测试配置
第一阶段	2015年9月～2016年9月	关键技术验证：单点关键技术样机性能测试	针对5G潜在无线关键技术开展技术验证，推动5G关键技术的研发，验证5G关键技术性能，促进5G技术标准化方向尽快形成共识	
第二阶段	2016年6月～2017年9月	技术方案验证：融合多种关键技术，开展单基站性能测试	面向ITU的5G技术要求，针对厂商研发的5G试验样机开展单基站性能测试，验证各厂商的5G技术方案性能	宏基站1台，小基站＞10台
第三阶段	2017年9月～2018年10月	系统验证：5G系统组网技术；5G典型业务演示	验证5G系统的组网性能，实现低频和高频多基站混合组网，构建5G典型应用场景，开展5G典型业务演示	宏基站3～5台，低频小基站＞10台，高频基站＞3台

四、5G的发展趋势

目前，5G时代正加速到来，全球主要经济体加速推进5G商用落地。在政策支持、技术进步和市场需求驱动下，中国5G产业快速发展，在各个领域上也已取得不错的成绩，5G的发展前景可谓是非常广阔，具体如图2-5所示。

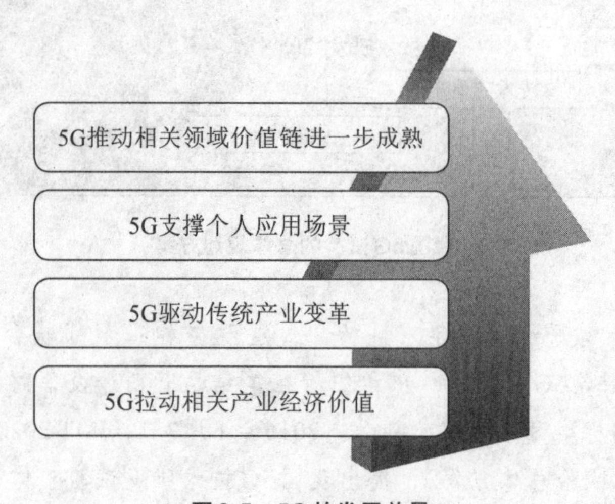

图2-5 5G的发展前景

1.5G拉动相关产业经济价值

在政策扶持和5G技术日益成熟的影响下，中国5G产业发展稳步推进，企业发展态势良好，从规划环节、建设环节、运营环节到应用环节，各个不同产业链相关企业在2018年第三季度营收均超亿元，实现同比增长。智能制造、车联网、无线医疗到5G技术应用领域频获资本青睐。业内人士认为，随着5G临时牌照发放和商用步伐的加快，未来中国5G产业在带动中国经济产出、提供就业机会等方面将发挥重要作用。

2.5G驱动传统产业变革

高性能、低延时、大容量是5G网络的突出特点，5G技术的日益成熟开启了互联网万物互联的新时代，融入人工智能、大数据等多项技术，5G已成为推动交通、医疗、传统制造等传统行业向智能化、无线化等方向变革的重要参与者。业内人士认为，作为新一代移动通信技术，5G的发展切合了传统制造业向智能制造转型的无线网络应用需求，其高性能、低延时的特点也满足了无人驾驶等垂直领域的发展要求，智能制造、智慧出行将成为5G技术发展的最新战场。

3.5G支撑个人应用场景

中国基础运营商和其他5G生态系统的参与者在5G建设初期阶段的重点大多是增强宽带业务，支撑5G个人应用场景，具体包括高清视频、增强现实（AR）、虚拟现实（VR）等，但5G个人应用场景的落地在产业营收上存在不确定性，如增强现实和虚拟现实缺乏足够丰富的内容和应用，在设备成本和可用性方面也存在一定的难题。随着5G生态系统的成熟，更广泛的网络部署或将带来更清晰的商业模式和营收机会。

4.5G推动相关领域价值链进一步成熟

世界主要经济体正在加速推进5G商用落地，然而，5G标准和产业链还需完善，5G的长期多样化服务需求也要求5G技术不断发展和创新。业内人士认为，广泛的5G普及路径为从终端到接入网络，进而到内容提供商和垂直行业领域，无论是从网络连接、个人应用场景的内容提供，还是大规模的行业应用场景支撑，5G技术的改进和创新都是推动相关领域价值链进一步成熟的关键。

相关链接

5G将对生活带来什么影响

随着2019年6月6日工信部向中国移动、中国联通、中国电信、中国广电颁发5G商用牌照，标志着我国正式步入了5G商用元年。接着，在工信部的支持下，由中国信息通信研究院和产业界核心单位共同发起组建的5G应用产业方阵成立大会上，工信部发布了名为《5G，未来已来》的宣传片。该宣传片从一家人的视角展开，畅想了在未来5G对家庭生活和智能社会等各种场景下的影响。

《5G，未来已来》宣传片以中国传统文化为基础，家庭、亲情风格浓厚。宣传片从小儿子在捷克开展5G AR考古开始，依托于5G AR考古,5G网络与AR技术的结合，让考古变得更加科幻和有趣。在AR眼镜与5G网络的配合下，古生物跃然于眼前，电影中出现的场景不再是梦！通过5G网络，身在捷克的小儿子可以直接与位于伦敦的实验室进行远程视频通话，完成考古交流。如下图所示。

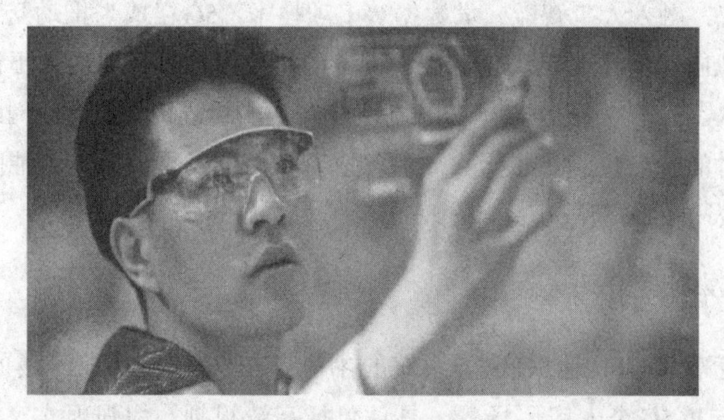

依托于5G AR考古

画风一转，身在河北的老爸通过5G网络与二儿子进行了视频通话，并且基于5G网络打造的智慧家庭成为新的智慧大脑。如下图所示。

基于5G网络打造的智能机器人

接下来，在中国云南的一处课堂上，身在北京的老师依靠5G网络与AR技术完成了一次形象生动的智慧化远程授课，智慧工厂、智慧能源、智能制造、智慧畜牧业、智慧农业、智慧交通、智慧港口、智慧物流等成为现实。如下图所示。之后，大儿子乘坐5G自动驾驶的汽车接女儿放学，在车上，自己可以继续处理手里的工作。

依靠5G网络与AR技术远程授课

在老父亲的生日晚餐上，身在捷克的小儿子虽然不能亲自赶来为父亲祝寿，但是他依靠5G网络打来了远程电话，用口琴为父亲献上一曲生日歌。如下图所示。

依靠5G网络进行视频通话

到这里也是宣传片的结尾了，5G可以为我们带来更为智慧的生活，也可以让我们的亲情变得更有利于沟通，不管亲人远在何方，都好似近在咫尺。让我们一起期待5G时代早一点到来吧！。

五、5G发展面临的挑战

当前，5G发展面临着图2-6所示的四大挑战。

图2-6　5G发展面临的四大挑战

1. 市场

中国5G初期的发展重点是增强移动宽带业务，但新应用对运营商营收的贡献还存在不确定性；此外，企业市场需要依赖于更广泛的网络部署和5G生态系统的更高成熟度，特别是基于5G的高可靠和低时延能力的创新型应用。

2. 技术

若5G要满足长期多样化的服务需求，则需要技术创新，4G技术的发展也将在4G到5G的转型过程中发挥重要作用。从长远来看，在提供显著改进的频谱效率和系统容量，以及满足1ms以下时延要求方面，5G技术将面临挑战。

3. 标准

中国5G产业界强烈支持形成全球统一的5G标准，此外，中国和美国、欧洲、日本、韩国将会统一通信标准，计划2020年前后在频率的标准方面达成一致，以便在全球市场上普及通用的设备和相关的产品。

4. 监管

固网和移动网络在监管和运营牌照上有着很长的不同历史。在很多国家，固网运营商最早都是垄断企业，有着类似的载波和定价限制，比如说他们批发给互联网服务提供商的宽带容量都受到国家的监管。

03

第三章
5G的网络建设

导言

5G主要的核心原理是完善一组技术来提升性能和满足多样化需求。5G是全新的移动通信技术，对比前几代移动通信，5G的速度更快，覆盖范围更广。

一、5G的关键能力

回顾移动通信的发展历程，每一代移动通信系统都可以通过标志性能力指标和核心关键技术来定义。其中，1G采用频分多址（FDMA），只能提供模拟语音业务；2G主要采用时分多址（TDMA），可提供数字语音和低速数据业务；3G以码分多址（CDMA）为技术特征，用户峰值速率达到2Mbps至数十Mbps，可以支持多媒体数据业务；4G以正交频分多址（OFDMA）技术为核心，用户峰值速率可达100Mbps至1Gbps，能够支持各种移动宽带数据业务。

5G需要具备比4G更高的性能，支持0.1～1Gbps的用户体验速率，每平方公里一百万的连接数密度，毫秒级的端到端时延，每平方公里数十Tbps的流量密度，每小时500km以上的移动性和数十Gbps的峰值速率。其中，用户体验速率、连接数密度和时延为5G最基本的三个性能指标。同时，5G还需要大幅提高网络部署和运营的效率，相比4G，频谱效率提升5～15倍，能效和成本效率提升百倍以上。

性能需求和效率需求共同定义了5G的关键能力，犹如一株绽放的鲜花，红花绿叶相辅相成，花瓣代表了5G的六大功能指标，体现了5G满足未来多样化业务与场景需求的能力，其中花瓣顶点代表了相应指标的最大值；绿叶代表了三个效率指标，是实现5G可持续发展的基本保障。如图3-1所示。

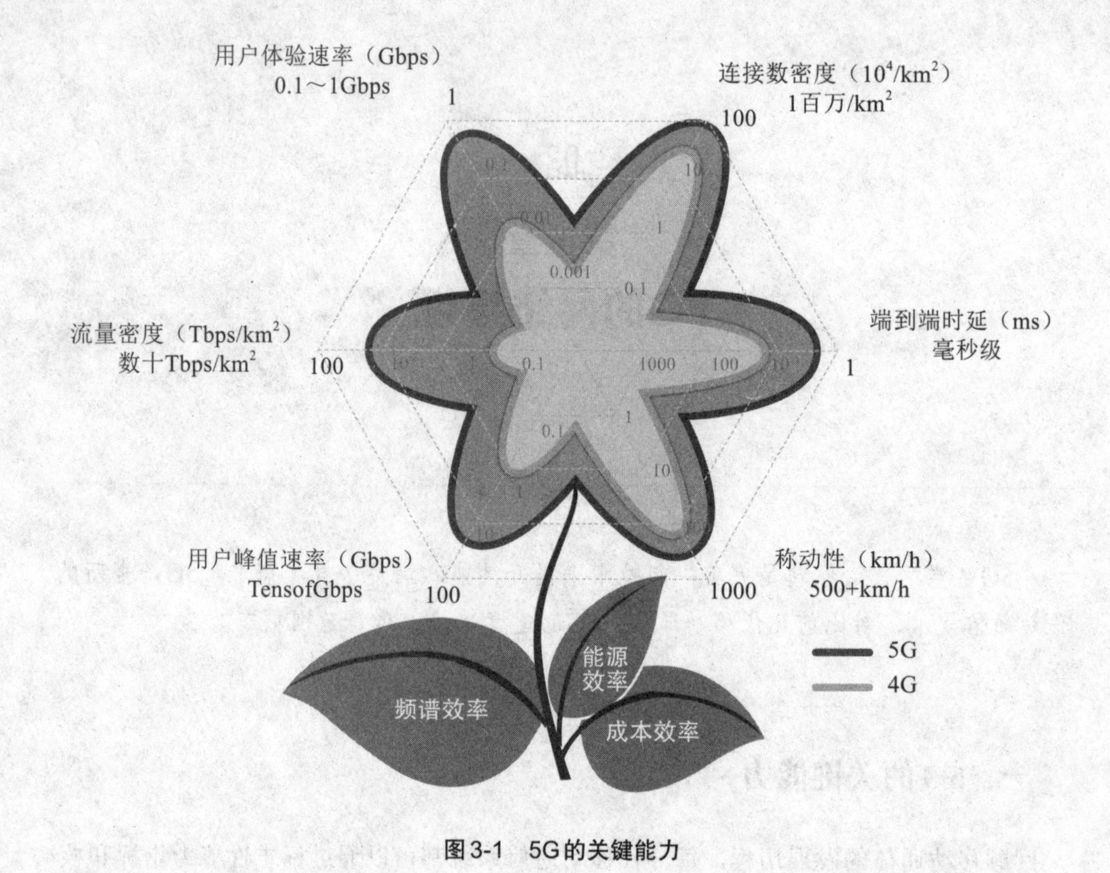

图3-1　5G的关键能力

二、5G的关键技术

面对多样化场景的极端差异化性能需求，5G很难像以往一样以某种单一技术为基础形成针对所有场景的解决方案，5G技术创新主要来源于无线技术和网络技术两方面。

1. 无线技术

5G演进的同时，LTE（一种网络制式）本身也还在不断进化，5G不可避免地要利用目前用在4G LTE上的先进技术，如载波聚合、MIMO、非共享频谱等，这包括众多成熟的通信技术。

（1）大规模MIMO（Multi Input Multi Output，多输入多输出系统）。从2×2MLMO提高到了目前4×4MIMO。更多的天线也意味着占用更多的空间，要在空间有限的设备中容纳进更多天线显然不现实，只能在基站端叠加更多MIMO。从目前的理论来看，5G NR（5G New Radio，是基于OFDM的全新空口设计的全球性5G标准）可以在基站端使用最多256根天线，而通过天线的二维排布，可以实现3D波束成型，从而提高信道容量和覆盖。

（2）毫米波。全新5G技术正首次将频率大于24GHz以上频段（通常称为毫米波）应用于移动宽带通信。大量可用的高频段频谱可提供极致数据传输速度和容量，这将重塑移动体验。但毫米波的利用并非易事，使用毫米波频段传输更容易造成路径受阻与损耗（信号衍射能力有限）。通常情况下，毫米波频段传输的信号甚至无法穿透墙体，此外，它还面临着波形和能量消耗等问题。

（3）频谱共享。用共享频谱和非授权频谱可将5G扩展到多个维度，实现更大容量，使用更多频谱，支持新的部署场景。这不仅将使拥有授权频谱的移动运营商受益，而且会为没有授权频谱的厂商创造机会，如有线运营商、企业和物联网垂直行业，使他们能够充分利用5G NR技术。5G NR原生地支持所有频谱类型，并通过前向兼容灵活地利用全新的频谱共享模式。

（4）先进的信道编码设计。目前LTE网络的编码还不足以应对未来的数据传输需求，因此迫切需要一种更高效的信道编码设计，以提高数据传输速率，并利用更大的编码信息块契合移动宽带流量配置，同时，还要继续提高现有信道编码技术（如LTETurbo）的性能极限。LDPC的传输效率远超LTETurbo，且易平行化的解码设计，能以低复杂度和低时延，扩展达到更高的传输速率。

2. 网络技术

在网络技术领域，基于软件定义网络（SDN）和网络功能虚拟化（NFV）的新型网络架构已取得广泛共识。

此外，基于滤波的正交频分复用（F-OFDM）、滤波器组多载波（FBMC）、全双工、灵活双工、终端直通（D2D）、多元低密度奇偶检验（Q-aryLDPC）码、网络编码、极化码等也被认为是5G重要的潜在无线关键技术。

三、5G的技术场景

IMT-2020（5G）从移动互联网和物联网主要应用场景、业务需求及挑战出发，将5G分为图3-2所示的四个主要技术场景，与ITU的三大应用场景基本一致。

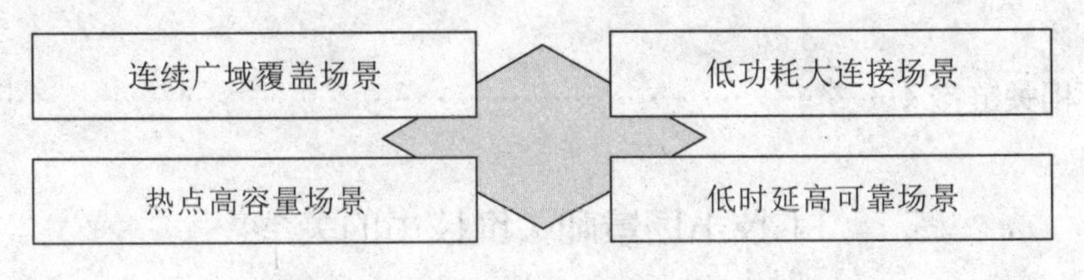

图3-2　5G的技术场景

1. 连续广域覆盖场景

连续广域覆盖场景是移动通信最基本的覆盖方式，以保证用户的移动性和业务连续性为目标，为用户提供无缝的高速业务体验。该场景的主要挑战在于随时随地（包括小区边缘、高速移动等恶劣环境）为用户提供100Mbps以上的用户体验速率。

2. 热点高容量场景

热点高容量场景主要面向局部热点区域，为用户提供极高的数据传输速率，满足网络极高的流量密度需求。1Gbps用户体验速率、数十Gbps峰值速率和数十Tbps/km^{2}的流量密度需求是该场景面临的主要挑战。

3. 低功耗大连接场景

低功耗大连接场景主要面向智慧城市、环境监测、智能农业、森林防火等以传感和数据采集为目标的应用场景，具有小数据包、低功耗、海量连接等特点。这类终端分布范围广、数量众多，不仅要求网络具备超千亿连接的支持能力，满足100万/km^{2}连接数密度指标要求，而且还要保证终端的超低功耗和超低成本。

4. 低时延高可靠场景

低时延高可靠场景主要面向车联网、工业控制等垂直行业的特殊应用需求，这类应用对时延和可靠性具有极高的指标要求，需要为用户提供毫秒级的端到端时延和接近100%的业务可靠性保证。

微视角

连续广域覆盖和热点高容量场景主要满足2020年及未来的移动互联网业务需求，也是传统的4G主要技术场景。低功耗大连接和低时延高可靠场景主要面向物联网业务，是5G新拓展的场景，重点解决传统移动通信无法很好地支持物联网及垂直行业应用的问题。

相关链接

5G技术场景和关键技术的关系

连续广域覆盖、热点高容量、低时延高可靠和低功耗大连接四个5G典型技术场景具有不同的挑战性指标需求，在考虑不同技术共存可能性的前提下，需要合理选择关键技术的组合来满足这些需求。

在连续广域覆盖场景，受限于站址和频谱资源，为了满足100Mbps用户体验速率需求，除了需要尽可能多的低频段资源外，还要大幅提升系统频谱效率。大规模天线阵列是其中最主要的关键技术之一，新型多址技术可与大规模天线阵列相结合，进一步提升系统频谱效率和多用户接入能力。在网络架构方面，综合多种无线接入能力以及集中的网络资源协同与QoS控制技术，为用户提供稳定的体验速率保证。

在热点高容量场景，极高的用户体验速率和极高的流量密度是该场景面临的主要挑战，超密集组网能够更有效地复用频率资源，极大提升单位面积内的频率复用效率；全频谱接入能够充分利用低频和高频的频率资源，实现更高的传输速率；大规模天线、新型多址等技术与前两种技术相结合，可实现频谱效率的进一步提升。

在低功耗大连接场景，海量的设备连接、超低的终端功耗与成本是该场景面临的主要挑战。新型多址技术通过多用户信息的叠加传输可成倍提升系统的设备连接能力，还可通过免调度传输有效降低信令开销和终端功耗；F-OFDM和FBMC等新型多载波技术在灵活使用碎片频谱、支持窄带和小数据包、降低功耗与成本方面具有显著优势；此外，终端直接通信（D2D）可避免基站与终端间的长距离传输，可实现功耗的有效降低。

在低时延高可靠场景，应尽可能降低空口传输时延、网络转发时延及重传概率，以满足极高的时延和可靠性要求。为此，需采用更短的帧结构和更优化的信令流程，引入支持免调度的新型多址和D2D等技术以减少信令交互和数据中转，并运用更先进的调制编码和重传机制以提升传输可靠性。此外，在网络架构方面，控制云通过优化数据传输路径，控制业务数据靠近转发云和接入云边缘，可有效降低网络传输时延。

四、5G的网络技术

5G网络技术主要分为核心网、回传和前传网络、云无线接入网。

1. 核心网

在核心网中，其关键技术主要包括了软件定义网络（SDN）、网络功能虚拟化（NFV）、网络切片和多接入边缘计算（MEC）。

（1）软件定义网络（SDN）。SDN技术是一种软件可编程的新型网络体系架构，它将网络设备的控制平面与转发平面分离，并将控制平面集中实现。在传统网络中，控制平面功能是分布式地运行在各个网络节点（如集线器、交换机、路由器等），因此如果要部署一个新的网络功能，就必须将所有网络设备进行升级，这极大地限制了网络创新。而SDN采取了集中式的控制平面和分布式的转发平面，两个平面相互分离，控制平面利用控制-转发通信接口对转发平面上的网络设备进行集中控制，并向上提供灵活的可编程能力。路由协议交换、路由表生成等路由功能均在统一的控制面完成。如图3-3所示。

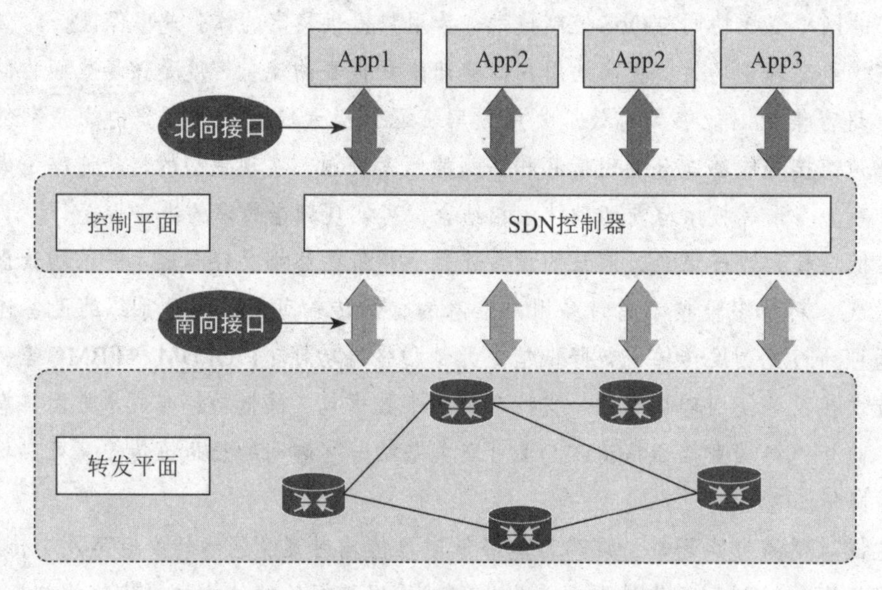

图3-3　SDN将控制层面和数据层面解耦分离

（2）网络功能虚拟化（NFV）。网络功能虚拟化（NFV）即通过IT虚拟化技术将网络功能软件化，并运行于通用硬件设备之上，以替代传统专用网络硬件设备，它将网络功能以虚拟机的形式运行于通用硬件设备或白盒之上，以实现配置灵活性、可扩展性和移动性，并以此希望降低网络CAPEX（Capital Expenditure，资本性支出）和OPEX（Operating Expense，管理支出）。

NFV的技术基础主要是云计算和虚拟化，虚拟化技术能将通用的计算、存储、网络等硬件设备分解为多种虚拟资源，实现应用于硬件解耦，根据需要实现网络功能及动态灵活性部署。云计算技术可以实现应用的弹性甚或资源和业务负荷的匹配，不但提高了资源的利用率，而且保证了系统响应速度。

NFV要虚拟化的网络设备主要包括交换机（比如Openv Switch）、路由器、HLR（归属位置寄存器）、SGSN、GGSN、CGSN、RNC（无线网络控制器）、SGW（服务网关）、PGW（分组数据网络网关）、RGW（接入网关）、BRAS（宽带远程接入服务器）、CGNAT（运营商级网络地址转换器）、DPI（深度包检测）、PE路由器、MME（移动管理实体）等。需要说明的是，NFV独立于SDN，可单独使用或与SDN结合使用。

（3）网络切片（Network Slicing）。简单来说，5G切片就是将5G网络切出多张虚拟网络，从而支持更多业务。

众所周知，5G网络将面向例如超高清视频、VR、大规模物联网、车联网等不同的应用场景。不同场景对网络的移动性、安全性、时延、可靠性甚至是计费方式的要求也是不一样的。因此，需要将一张物理网络分成多个虚拟网络，每个虚拟网络面向不同的应用场景需求。虚拟网络间是逻辑独立的，互不影响。如图3-4所示。

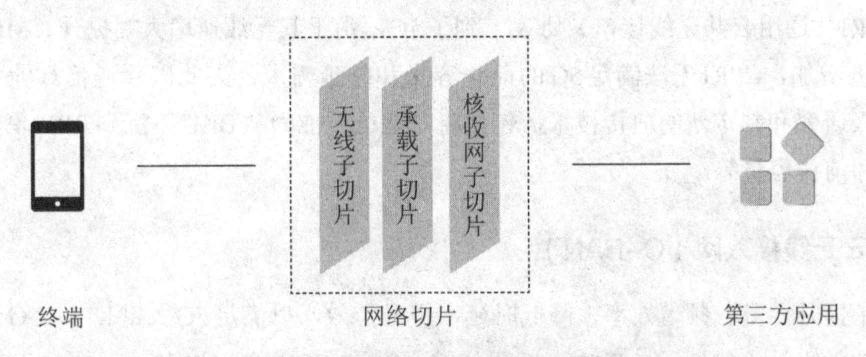

图3-4 虚拟网络间的逻辑独立

网络切片的优势在于，它能让网络运营商自己选择每个切片所需的特性，例如低延迟、高吞吐量、连接密度、频谱效率、流量容量和网络效率，这些有助于提高创建产品和服务方面的效率，提升客户体验。不仅如此，运营商无须考虑网络其余部分的影响就可进行切片更改和添加，既节省了时间又降低了成本支出，也就是说，网络切片可以带来更好的成本效益。

当然，要在实现NFV与SDN之后才能实现网络切片，不同的切片依靠NFV和SDN通过共享的物理或虚拟资源池来创建。此外，网络切片还包含MEC资源和功能。

（4）多接入边缘计算（MEC）。多接入边缘计算（MEC）也称移动边缘计算，是一种网络架构，为网络运营商和服务提供商提供云计算能力以及网络边缘的IT服务环境，位于网络边缘的、基于云的IT计算和存储环境，它使数据存储和计算能力部署于更靠近用户的边缘，从而降低了网络时延，可更好地提供低时延、高宽带应用。

MEC背后的逻辑非常简单，离源数据处理、分析和存储越远，所经历的延迟越高。MEC可通过开放生态系统引入新应用，从而帮助运营商提供更丰富的增值服务，比如数据分析、定位服务、AR和数据缓存等。MEC最明显的好处是，允许网络运营商和服务提供商减少服务中的延迟，以便提升整体客户体验，同时引入新的高带宽服务，而不会出现前面提到的延迟问题。

2. 回传和前传网络

（1）回传指的是无线接入网连接到核心网的部分，光纤是回传网络的理想选择，但在光纤难以部署或部署成本过高的环境下，无线回传是替代方案，如点对点微波、毫米波回传等。此外，无线Mesh网络也是5G回传的一个选项，在R16里，5G无线本身将被设计为无线回传技术，即IAB（5G NR集成无线接入和回传）。

（2）前传指的是BBU（Building Base band Unite，基带处理单元）池连接拉远RRU（Remote Radio Unit，射频处理单元）部分，其链路容量主要取决于无线空口速率和MIMO（Multiple-Input Multiple-Output，多输入输出天线系统）天线数量，4G前传链路采用CPRI（通用公共无线接口）协议；到了5G，由于其无线速率大幅提升、MIMO天线数量成倍增加，CPRI无法满足5G的前传容量和时延需求，为此国际通信行业标准化组织正积极研究和制定新的前传技术，包括将一些处理能力从BBU下沉到RRU单元，以减小时延和前传容量等。

3. 云无线接入网（C-RAN）

为了提升容量、频谱效率，降低时延，提升能效，以满足5G关键KPI，5G无线接入网包含的关键技术包括了C-RAN（云无线接入网）、SDR（软件定义无线电）、CR（认知无线电）、Small Cells、自组织网络、D2D通信、MassiveMIMO、毫米波、高级调制和接入技术、带内全双工、载波聚合、低时延和低功耗技术等。下面重点介绍几个。

（1）C-RAN（云无线接入网）将无线接入的网络功能软件化为虚拟化功能并部署于标准的云环境中，C-RAN这个概念由集中式RAN发展而来，旨在提升设计灵活性和计算可扩展性，提升能效和减少集成成本。在C-RAN架构下，BBU功能是虚拟化、集中化以及池化部署，RRU与天线分布式部署，RRU通过前传网络连接BBU池，BBU池可共享资源、灵活分配处理来自各个RRU的信号。

云无线接入网的优势在于，它能提升计算效率和能效，易于实现CoMP（协同多点传输）、多RAT、动态小区配置等更先进的联合优化方案，但C-RAN的挑战是前传网络设计和部署的复杂性。

（2）SDR（软件定义无线电）能实现部分或全部物理层功能在软件中定义。这里需要注意软件定义无线电和软件控制无线电的区别，后者仅指物理层功能由软件控制；在SDR中，我们可以实现调制、解调、滤波、信道增益和频率选择等一些传统的物理层功能，这些软件计算可在通用芯片、GPU、DSP、FPGA和其他专用处理芯片上完成。

（3）CR（认知无线电）可通过了解无线内部和外部环境状态实时做出行为决策。此外，SDR被认为是CR的使能技术，但CR包括和可使能多种技术应用，比如动态频谱接入、自组织网络、认知无线电抗干扰系统、认知网关、认知路由、实时频谱管理、协作MIMO等。

（4）Small Cells（小基站）。相较于传统宏基站，小基站的发射功率更低，因此覆盖范围更小，一般情况下可覆盖10m到几百米的范围。Small Cells通常根据覆盖范围的大小依次分为微蜂窝、Picocell和家庭Femtocell。

小基站旨在不断补充宏基站的覆盖盲点和容量，以更低成本的方式提高网络服务质量。考虑5G无线频段越来越高，未来还将部署5G毫米波频段，因为无线信号频段更高，覆盖范围越小，加之未来多场景下的用户流量需求不断攀升。

微视角

到了后5G时代，大量部署小基站将是大势所趋，这些小基站将与宏站组成超级密集的混合异构网络，而这也将为网络管理、频率干扰等带来前所未有的复杂性挑战。

（5）D2D通信（设备到设备通信）是指数据传输不通过基站，而是允许一个移动终端设备与另一个移动终端设备直接通信。D2D源于4G时代，被称为LTEProximity Services（ProSe）技术，是一种基于3GPP通信系统的近距离通信技术，主要包括直连发现功能，即终端发现周围有可以直连的终端，和直连通信，即与周围的终端进行数据交互两大功能。

4G时代，D2D主要应用于公共安全领域，而到了5G时代，由于车联网、自动驾驶、可穿戴设备等物联网应用将大量兴起，D2D通信的应用范围也将随之扩大，当然也会面临安全和资源分配公平性的挑战。

（6）毫米波（mmWave）。毫米波是指RF频率在30～300GHz之间的无线电波，波长范围从1mm到10mm。5G与2G、3G、4G最大的区别之一是引入了毫米波。毫米波的缺点是传播损耗大、穿透能力弱；毫米波的优点是带宽大、速率高。Massive MIMO天线体积小，因此适合Small Cells、室内、固定无线和回传等场景部署。

（7）低时延技术。为了满足像自动驾驶、远程控制等5G URLLC场景，低时延是5G关键技术之一。为了降低网络数据包传输时延，5G主要从无线空口和有线回传两方面来实现。在无线空口侧，5G主要通过缩短TTI时长、增强调度算法等来减低空口时延；在有线回传方面，通过MEC部署，使数据和计算更接近用户侧，从而减少网络回传带来的物理时延。

五、5G的网络架构

1.5G系统设计

5G网络由图3-5所示的3个功能平面构成。

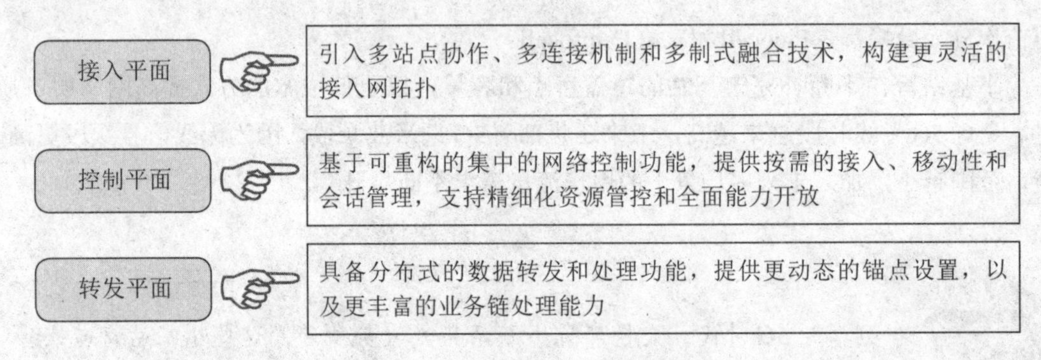

图3-5　5G网络的功能平面构成

在整体逻辑架构基础上，5G网络采用模块化功能设计模式，并通过“功能组件”的组合，构建满足不同应用场景需求的专用逻辑网络。5G网络以控制功能为核心，以网络接入和转发功能为基础资源，向上提供管理编排和网络开放的服务，形成了管理编排层、网络控制层、网络资源层的三层网络功能视图，如图3-6所示。

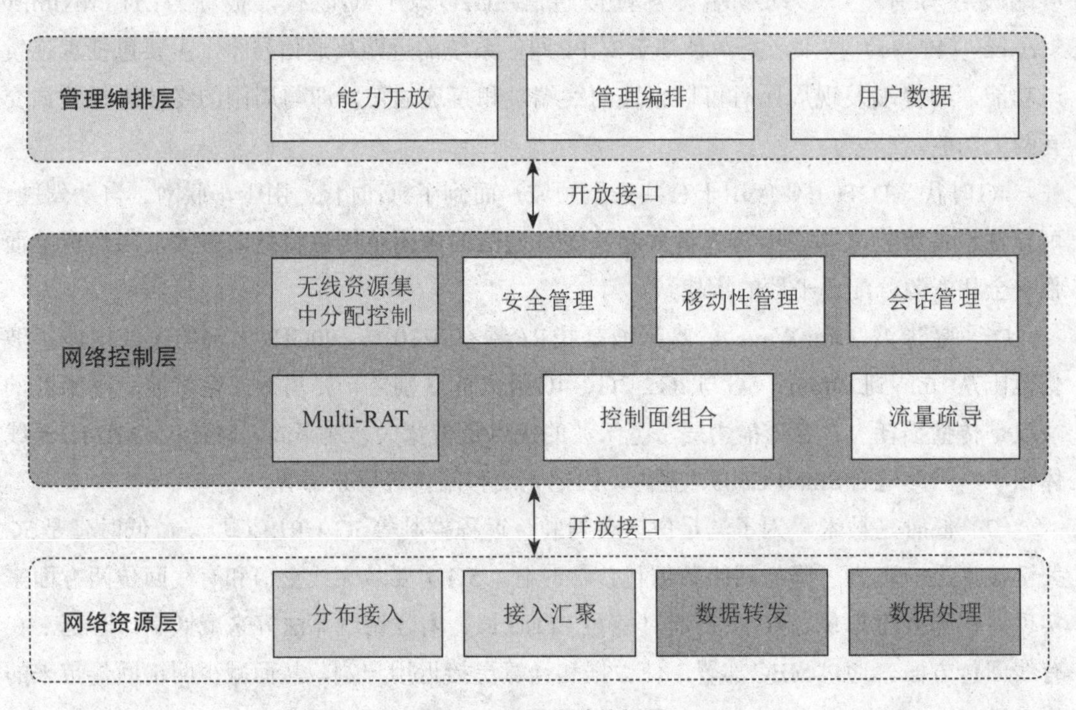

图3-6　5G网络功能视图

2.5G组网设计

SDN/NFV技术融合将提升5G进一步组大网的能力。SDN技术实现虚拟机间的逻辑连接，构建承载信令和数据流的通路，最终实现接入网和核心网功能单元动态连接，配置端到端的业务链，实现灵活组网。NFV技术则实现底层物理资源到虚拟化资源的映射，构造虚拟机（VM），加载网络逻辑功能（VNF）；虚拟化系统实现对虚拟化基础设施平台的统一管理和资源的动态重配置。

一般来说，5G组网功能元素可分为图3-7所示的四个层次。

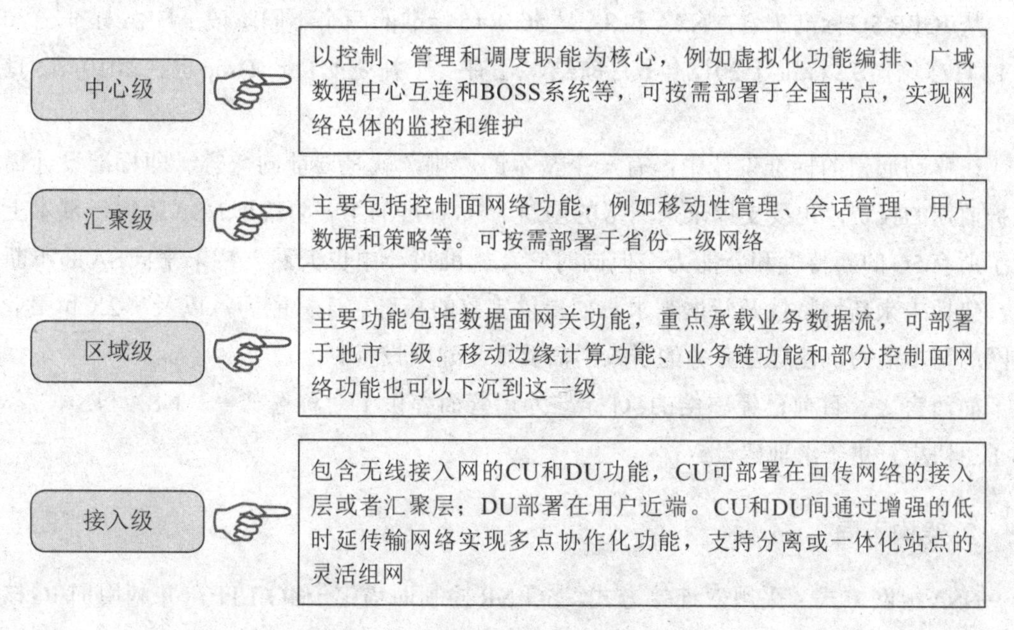

图3-7 5G组网络功能元素的四个层次

借助于模块化的功能设计和高效的NFV/SDN平台，在5G组网实现中，上述组网功能元素部署位置无须与实际地理位置严格绑定，而是可以根据每个运营商的网络规划、业务需求、流量优化、用户体验和传输成本等因素综合考虑，对不同层级的功能加以灵活整合，实现多数据中心和跨地理区域的功能部署。

六、5G的组网方式

与3G迈向4G时代不同，4G迈向5G不再是核心网与无线接入网“整体式”演进方式，而是把两者“拆开”了，包括NSA（非独立组网）和SA（独立组网）两种部署方式。那么这两种部署方式有什么区别呢？具体如图3-8所示。

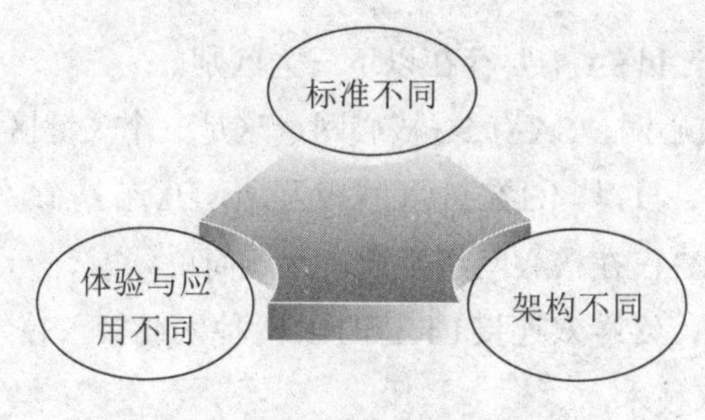

图3-8 5G两种组网方式的区别

1. 标准不同

从3GPP 5G标准来看，NSA和SA是5G R15标准的两个不同阶段：NSA标准于2017年12月冻结，SA标准于2018年6月冻结，还有一个补充的Late Drop也在2019年3月冻结了。

在移动通信的标准设计中，有一个基本的原则，就是要前向兼容，即标准设计需要保护前期的投资，也要支撑未来网络的创新。5G标准的第一阶段即NSA阶段，基本上实现了所有5G的新特性和新能力，但同时它在标准设计中也天然支持未来向SA的不断演进，包括未来新增特性及新增需求，如提供完整的高可靠连接能力，以及V-2X和工业物联网的基本能力，使这些业务的引入不需要重复建网投资。

简而言之，目前已经冻结的5G标准为运营商提供了两种选择——NSA和SA，都是为了更快更好更平滑地建设5G。

2. 架构不同

NSA组网方式：采用双连接方式，5G NR控制面锚定于4G LTE，并利用旧4G核心网EPC。SA组网方式：5G NR直接接入5G核心网（NG Core），它不再依赖4G，是完整独立的5G网络。如图3-9所示。

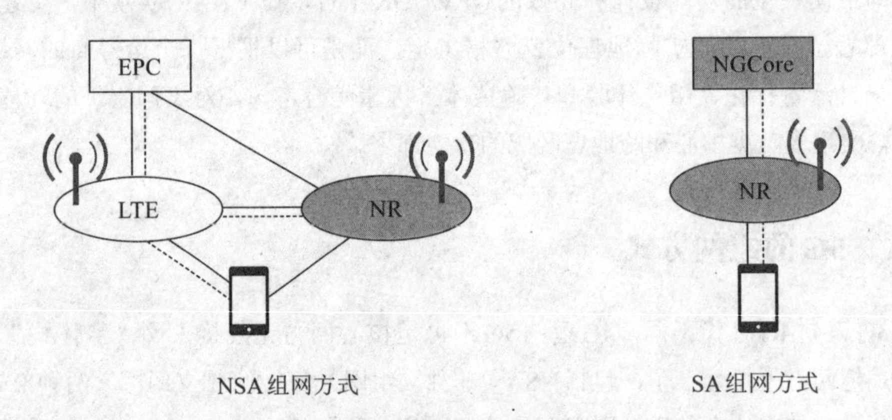

图3-9 NSA和SA组网方式

对比以上架构，NSA和SA主要存在以下三大区别。

（1）NSA没有5G核心网，SA有5G核心网，这是一个关键区别。

（2）在NSA组网下，5G与4G在接入网级互通，互连复杂；在SA组网下，5G网络独立于4G网络，5G与4G仅在核心网级互通，互连简单。

（3）在NSA组网下，终端双连接LTE和NR两种无线接入技术；在SA组网下，终端仅连接NR一种无线接入技术。

简单地讲，相比SA组网方式，NSA组网方式缺了一个新大脑（5G核心网），在5G-4G互连上还有些拖泥带水。

3. 体验与应用不同

在应用方面，NSA组网方式早期主要提供高带宽、低时延业务，也就是说主要针对eMBB和uRLLC两大5G场景，目的是为了先基于已成熟的4G MBB生态来逐步扩展新应用和商业模式，比如向高清视频、云游戏、AR/VR等eMBB业务扩展，向智能制造、特种车辆远程操控、远程医疗等eMBB+uRLLC业务扩展，帮助运营商快速实现商业成功。

在体验要求方面，2019年全球5G商用部署启航，从多个运营商的预商用和商用网络测试中可以发现，采用NSA组网方式部署的网络，小区容量峰值可达14Gbps，单用户平均速率可达2.5Gbps，端到端时延在1ms之内，5G相比4G的能效提升20～30倍，均达到了ITU对于5G的定义。

5G大带宽、低时延、多连接的网络能力，加上网络切片和MEC技术，将使能（负责控制信号的输入和输出）全行业创新应用，但由于NSA组网方式在5G核心网、上行带宽、时延等方面的能力有限，会导致很多5G应用创新受阻。

5G时代要扩展行业应用，需要更大的上行带宽支撑视频回传，需要更低的时延支持及时远程控制，需要MEC支持用户数据不出局，需要切片网络保障网络质量和支持数据隔离，需要更低的小区切换时延确保视频中断无感知，而NSA组网在网络能力上支撑不足。

简单地讲，5G的发展目标就是“1+3”，如图3-10所示。

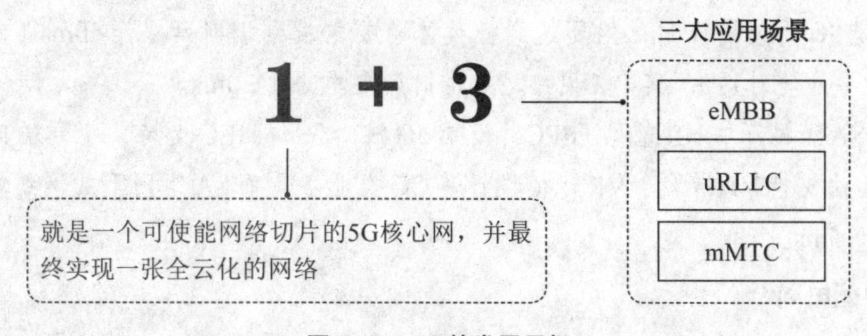

图3-10　5G的发展目标

5G时代，运营商将以“1+3”为发展主轴，从2C向2B市场扩展，最终使万物互联和全行业数字化转型。但NSA组网没有“1”，“3”大应用场景也不完整，它主要是依托于4G生态规模继续拓展eMBB业务，其网络能力不足以支撑全行业全场景5G应用，因此，着眼长远，SA组网方式才是5G的必然选择。

相关链接

NSA应用受阻场景

1.5G医疗急救车

5G医疗急救车通过超高清视频将病人的生命体征信息实时回传至急救指挥中心实现远程支持，将急诊救治战线前移，这要求5G网络必须保证连续的上下行带宽。

但急救车是快速移动的，如果采用NSA组网，小区间切换时延大于120ms，会导致视频传输出现卡顿和花屏，影响急救效率；而在SA组网下，系统切换时延小于40ms，视频连续无感知。

2.高清/VR直播

5G将史无前例地提升网络上行速率，并因此将改变超高清视频媒体的生产和传送过程，激发新一波视频内容革命。比如一场球赛VR直播，通过多台摄像机全方位采集高清视频，并通过大宽带、低时延5G网络实时传送，让用户可以自由选择不同位置、不同角度沉浸式观赛。

但在NSA组网下，由于终端天线双连接会拉低上行峰值带宽，将使这波创新应用受限。

以一个20000m^{2}大的球场为例，每台4K摄像机需50M带宽上传，若采用NSA组网，单小区峰值带宽小于200M，只能支持4台4K摄像机回传；而若采用SA组网，单小区峰值带宽大于480M，相当于可支持10台4K摄像机回传。

3.Cloud VR

VR是5G的关键应用，但要达到极致体验要求端到端时延小于50ms（包括网络时延和设备处理时延），其中，网络端到端时延要求小于20ms。

在NSA组网下，NR基站+EPC，没有5G核心网和MEC支持，端到端时延大于30ms，无法支持VR游戏、VR建模设计等CG类业务，而SA组网下的网络端到端时延能小于15ms。

4.智能电网

智能电网中的差动保护、精准负控场景，要求超高可靠超低时延的uRLLC切片，要求端到端通信时延小于15ms，并需保障SLA。

NSA组网方式不支持网络切片，也无法支持MEC，端到端时延大于30ms，因此无法支持智能电网业务，而SA组网下网络端到端时延能小于15ms。

5.远程控制

在一些特殊场景，比如无人矿山、港口等，为了避免安全风险和提升效率，会利用5G大带宽、低时延高可靠能力，通过全景高清摄像头，将360° 全景视频实时回传到远程控制端，对车辆、机械设备等进行实时、准确的远程控制。

在NSA组网下，由于上行带宽和网络时延能力不足，同样会限制这些应用场景部署。

6.智能制造

面向第四次工业革命，5G NR、网络切片和MEC是三大关键驱动技术。

5G NR新无线将代替车间内的有线连接，使工厂柔性化、自动化和操作维护AR化等；网络切片可端到端保障严苛的工业QoS需求，还能隔离工业领域不同的服务需求；MEC不仅可降低网络时延和负荷，还能在本地与工厂数据、ERP系统等无云集成，让数据存储和处理于本地，不必发送到云端，保障数据的安全性和隐私性。

但在NSA组网下，不支持网络切片和MEC分布式部署，端到端时延大于30ms，无法拓展智能制造等相关业务。

04

第四章 5G的产业布局

导言

当前，第五代移动通信技术（5G）正在阔步前行，它将以全新的网络架构，提供至少十倍于4G的峰值速率、毫秒级的传输时延和千亿级的连接能力，开启万物广泛互联、人机深度交互的新时代。

一、5G对经济的贡献

1.产出规模

2017年7月，中国信息通信研究院发布的《5G经济社会影响白皮书》预测，2030年5G带动的直接产出和间接产出将分别达到6.3万亿元和10.6万亿元。

（1）在直接产出方面，按照2020年5G正式商用算起，预计当年将带动约4840亿元的直接产出，2025年、2030年将分别增长到3.3万亿元、6.3万亿元，十年间的年均复合增长率为29%。

（2）在间接产出方面，2020年、2025年和2030年，5G将分别带动1.2万亿元、6.3万亿元和10.6万亿元，年均复合增长率为24%。

2020～2030年5G的直接经济产出和间接经济产出预测如图4-1所示。

（3）此外，预计2030年5G将带动超过800万人就业，主要来自电信运营和互联网服务企业创造的就业机会。

2.产出结构

从产出结构看，拉动产出增长的动力随5G商用进程的深化而相继转换。

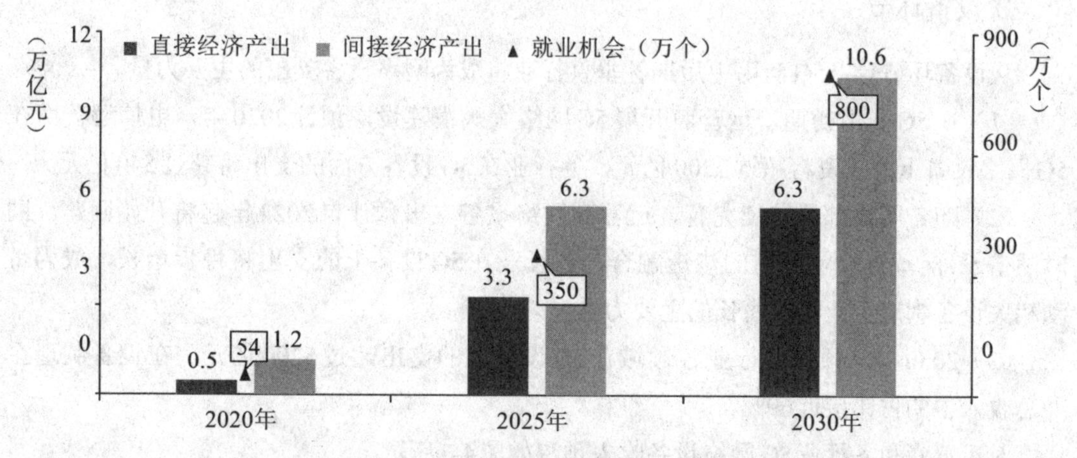

图4-1　2020～2030年5G的直接经济产出和间接经济产出预测

（1）在5G商用初期，运营商大规模开展网络建设，5G网络设备投资带来的设备制造商收入将成为5G直接经济产出的主要来源，预计2020年，网络设备和终端设备收入合计约4500亿元，占直接经济总产出的94%。

（2）在5G商用中期，来自用户和其他行业的终端设备支出和电信服务支出持续增长，预计到2025年，上述两项支出分别为1.4万亿元和0.7万亿元，占到直接经济总产出的64%。

（3）在5G商用中后期，互联网企业与5G相关的信息服务收入增长显著，成为直接产出的主要来源，预计2030年，互联网信息服务收入达到2.6万亿元，占直接经济总产出的42%。

2020～2030年中国5G直接经济产出结构预测如图4-2所示。

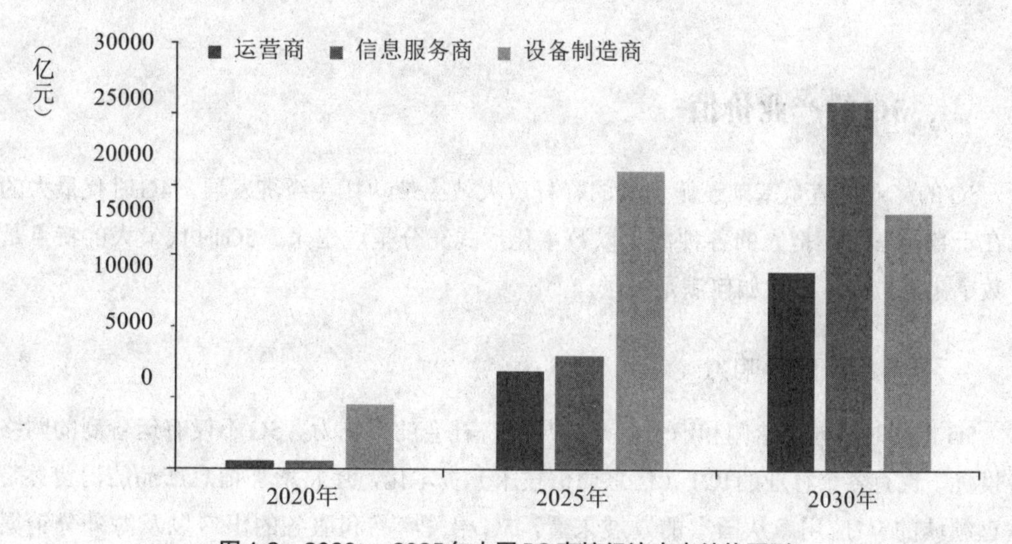

图4-2　2020～2025年中国5G直接经济产出结构预测

3. 设备环节

从设备环节看，5G商用中后期各垂直行业将成为网络设备支出的主要力量。

（1）在5G商用初期，运营商开展5G网络大规模建设，预计2020年，电信运营商在5G网络设备上的投资将超过2200亿元，各行业在5G设备方面的支出将超过540亿元。

（2）随着网络部署持续完善，运营商网络设备支出预计自2024年起将开始回落。同时随着5G向垂直行业应用的渗透融合，各行业在5G设备上的支出将稳步增长，成为带动相关设备制造企业收入增长的主要力量。

（3）2030年，预计各行业各领域在5G设备上的支出超过5200亿元，在设备制造企业总收入中的占比接近69%。

对运营商和各行业5G网络设备收入预测如图4-3所示。

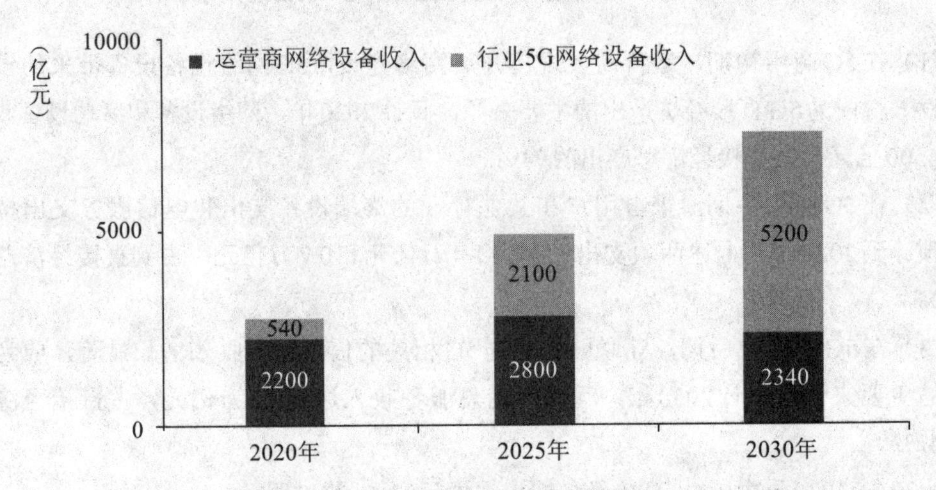

图4-3 对运营商和各行业5G网络设备收入预测

二、5G的产业价值

5G的产业价值是基础设施价值的杠杆放大效应带动社会经济发展。4G时代最大的贡献在于数字孪生，把人的各种需求以数字化形式充分呈现出来。5G时代最大的特点是有了数字化需求后，产业如何满足需求。

1.5G 对经济的影响力

5G将同时面向供给侧和消费侧来传导经济社会的影响力。5G不仅有运营商的网络设备投资，也有各个行业的ICT（信息通信技术）资本化，还将增加信息产品的消费并带动垂直领域的5G应用。从国家的发展来看，5G相关产品和服务的出口以及海外分销渠道或部署5G网络，将整体促进社会经济的发展。如图4-4所示。

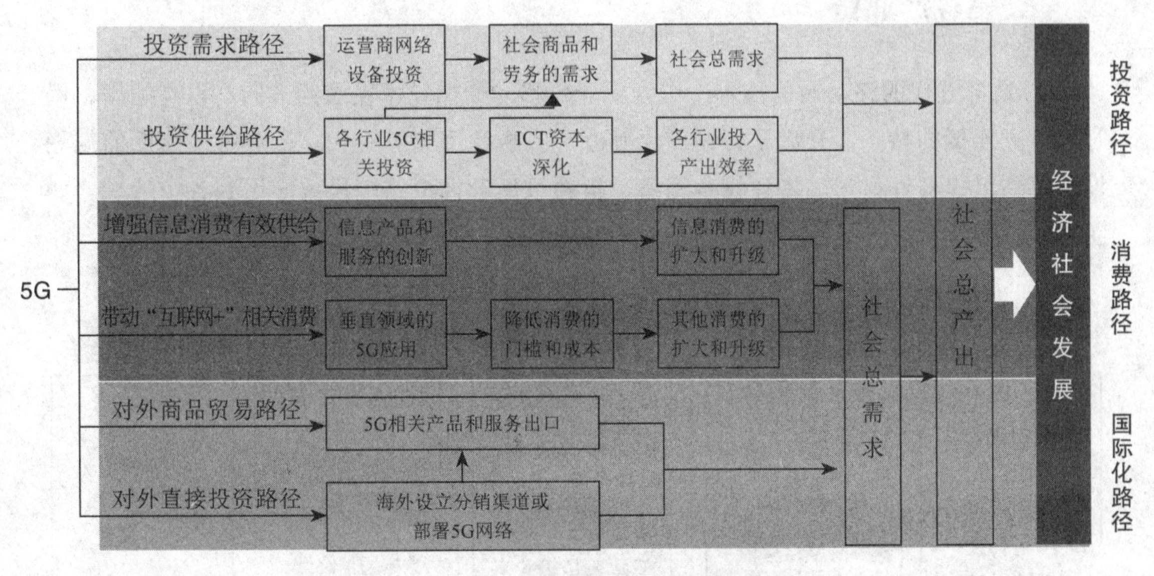

图4-4　5G对经济的影响力

2.5G所涉及的领域

5G所涉支出与投资涵盖了电信、互联网以及其他垂直领域，包括终端设备商、网络设备商，各个行业都将产生深刻的变化。如图4-5所示。

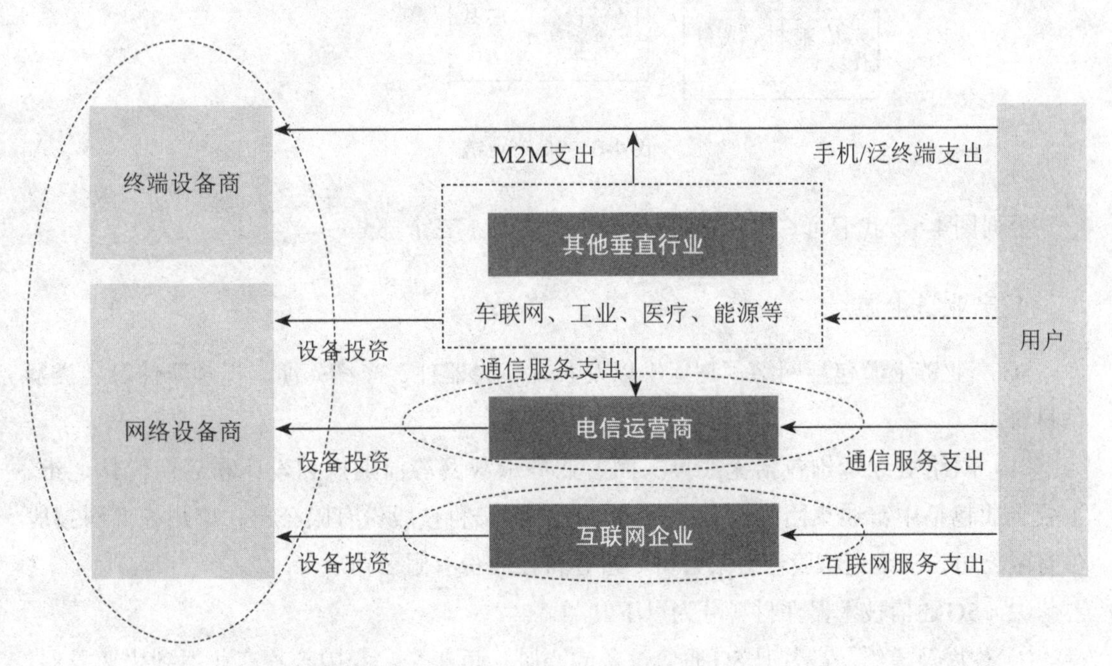

图4-5　5G涉及的领域

三、5G产业链

5G是第五代的移动通信技术，作为新一代移动通信技术发展的方向，以高速率、低时延、大连接的特点，开启了万物广泛互联、人机深度交互时代。产业链从前期的规划设计，到组建器件材料、搭建设备网络，再通过运营商或终端投放应用到各个领域。如图4-6所示。

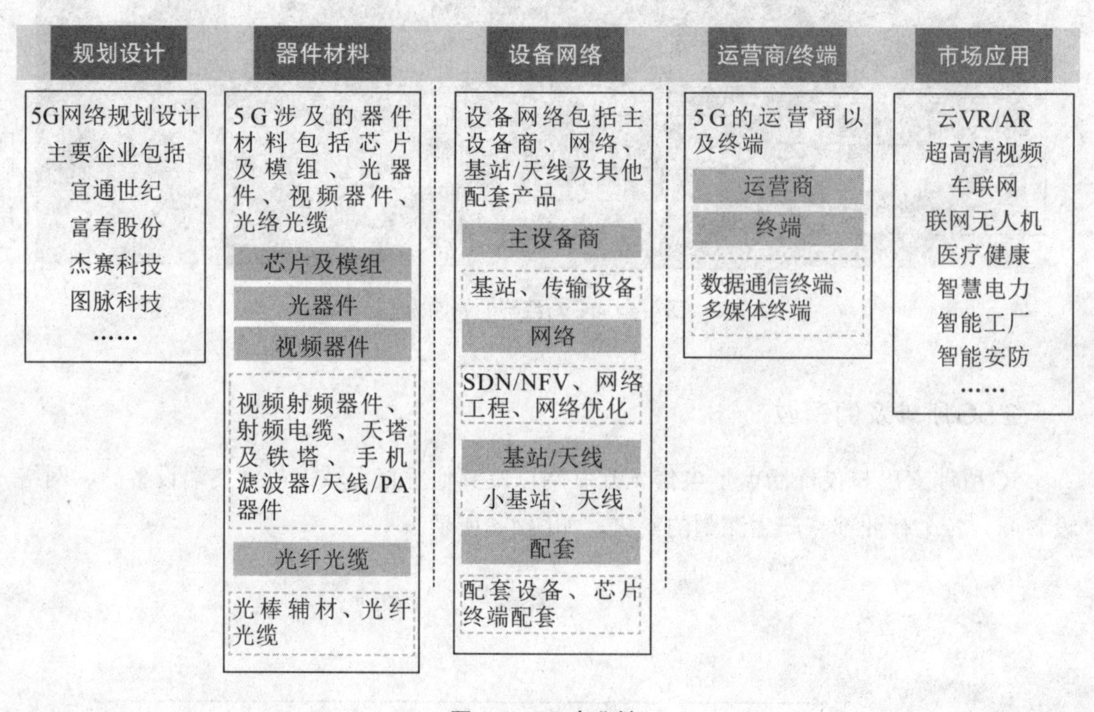

图4-6 5G产业链

根据图4-6，我们可将5G产业链分为上、中、下三个部分。

1.产业链上游

5G产业链上游包括网络规划运维以及芯片、光器件、光纤光缆、视频器件等各类器件材料。

（1）网络规划运维包括无线接入网、业务承载网等前期规划设计和后期优化运维。主要企业包括中富通集团股份有限公司、宜通世纪科技股份有限公司、广州杰赛科技股份有限公司、三维通信股份有限公司、富春科技股份有限公司。

（2）5G通信技术器件材料分为以下几类。

① 芯片及模组。芯片是5G通信设备的心脏，近年来，我国芯片产业得到快速发展，市场规模持续扩大，通信企业也在积极研发芯片以抢占更多5G市场。

② 视频器件。主要包括射频器件、射频电缆、天塔及铁塔、手机滤波器/天线/PA器件等。

③光器件。光器件在光传输系统中占据重要地位。光通信器件是光传输网络中对光信号进行放大、转换和传输的各类功能器件，是光传输系统的重要组成部分，广泛应用在接入网和核心网之中。

④光纤光缆。5G通信技术应用中，光纤光缆作用于基站前传和回传网络的建设中，发挥着十分关键的作用。

微视角

光纤是一种传输光速的介质，由芯层、包层和涂覆层构成，被广泛应用于通信企业。光纤是用来制作光缆的主要组成部分，是光缆中实际承担通信网络的材料。

2.产业链中游

5G产业链的中游为设备网络，包括主设备商、基站/天线、网络、配套。

（1）主设备商主要包括基站、传输设备。设备网络中，传输网络是5G的大动脉，基站显得尤为重要。按照ITU发布的5G参数标准，5G将引用新的频段、使用新的技术，并构建全新的网络架构和网络拓扑。其中，新的网络架构和网络拓扑使用SDN（软件定义网络）/NFV（网络功能虚拟化）实现网络架构，并大量使用Small Cell（小基站/小蜂窝）构建网络。

Small Cell主要针对高频段推出。由于大量新增频谱处于20～100GHz的高频频段，因此网络覆盖性能较弱，意味着网络密度将需要显著提升，Small Cell将成为唯一真正的解决途径。而在5G建网的初期阶段，基站的建设主要以宏基站为主，再用小基站作为补充，以加大、加深覆盖区域。在实现5G基础广泛覆盖后，随着5G网络的深入部署，小基站的需求将进一步扩大。

（2）基站/天线。Massive MIMO是5G中所使用的天线。5G的新技术主要是利用波束成形及大规模MIMO天线陈列等技术，大幅提高5G的频谱效率（bps/Hz），达到LTE的数倍至数十倍。大规模天线阵列是基于多用户波束成形的原理，在基站端布置大量天线，对数十个目标调制各自的波束，通过空间信号隔离，在同一频率资源上同时传输数十条信号。

为实现5G频谱利用效率和覆盖要求，天线系统发展主要有两条路线，如图4-7所示。

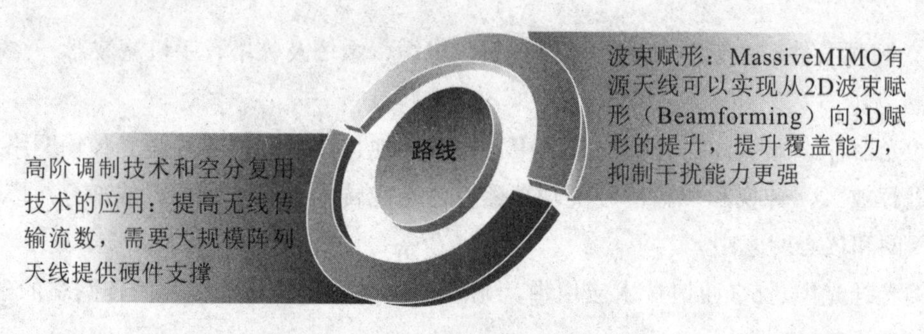

图4-7　天线系统发展的路线

5G Massive MIMO无论天线数量和信号覆盖维度都较4G大大增加了，天线和通道数量可以达到64个、128个，综合考虑系统实现的收益和代价后，最大天线数量可以达到256个。因此，5G的5G Massive MIMO网络容量将较4G大幅提升，同时天线的开式也将由无源转向有源。

总的来说，5G通信技术中，除了带来天线的技术升级、市场规模扩大以外，同时也带来相关器件材料市场的增长。

（3）网络。网络主要是指SDN/NFV、网络工程、网络优化。

（4）配套。配套主要是指配套设备、芯片终端配套。

3. 产业链下游

5G产业链的下游是应用，通过运营商、终端将5G技术应用在工业、通信、智能家居、智能制造等场景。

我国正在积极地推动5G技术研究和产业化，其中三大运营商（中国移动、中国联通、中国电信）以及华为、中兴通讯股份有限公司等企业也加快布局。

终端是5G产业链的重要一环，是影响用户5G体验感知的关键。5G时代，除了5G智能手机、5G CPE（接收Wi-Fi信号的无线上网设备）外，还有面向家庭和个人的AR / VR终端，面向行业的车载、无人机、机器人以及医疗、警务等终端设备。

（1）家庭宽带方面的应用。现在个人用户的家庭宽带，均是通过运营商的光纤以有线的方式实现接入。当5G网络普及之后，可以通过CPE设备实现无线的连接，从此告别线缆的限制；CPE设备中内置基带芯片，通过基带芯片同5G网络进行数据传输。

微视角

CPE可将无线网络距离延伸，比如，若需要从一栋楼向另一栋楼传输无线信号，这时就需要CPE设备，把Wi-Fi信号进行远距离传输。

（2）移动终端的应用。除了手机外，我们常见的平板电脑、移动笔记本等设备均可以将基带芯片内置至移动设备内，从而实现5G网络的通信。特别是偏远地区视频监控设备等，通过无线的方式，将会极高地提升工作效率。

（3）智能家居、医疗、驾驶的应用。未来的智能家居、智能医疗以及智能驾驶，均可以通过基带芯片实现。

比如，智能家居中的空调、电视、冰箱等均可联网，并通过远程控制；智能医疗，每人可以通过智能手环，随时将个人身体情况上传至数据平台，实时分析；智能驾驶，利用5G网络的高速传输，实施监控路面，完成智能驾驶操作。

相关链接

5G网络试点城市

随着中国工信部发放5G牌照，中国开始进入5G快速发展阶段。中国电信、中国联通、中国移动以及中国广电拿到5G牌照后，三家通信运营商纷纷表示已经开始在部分城市进行5G试点试验。

根据中国联通官方微信号发布的消息，中国联通一直积极布局5G网络建设，目前已率先开通国内40个城市的5G试验网络。中国联通5G先锋计划关注客户数量已超2400万，华为、中兴、OPPO、vivo、努比亚等10余家国内知名厂商都已向中国联通交付了首批20多款友好体验终端。

中国移动和中国联通选择了同样的40个城市进行5G覆盖，首批支持5G网络的城市有北京、天津、上海、重庆4个直辖市，合肥、福州、兰州、广州、南宁、贵阳、海口、石家庄、郑州、哈尔滨、武汉、长沙、长春、南京、南昌、沈阳、呼和浩特、银川、西宁、济南、太原、西安、成都、拉萨、乌鲁木齐、昆明、杭州27个省会城市，大连、青岛、宁波、厦门、深圳5个计划单列市以及雄安、张家口、苏州、温州等城市。

中国移动在杭州、广州、上海、武汉、苏州5城市启动5G网络规模试验，在北京、重庆、天津、深圳、雄安等12个城市开展5G业务示范试验网建设。

中国电信方面表示，在获得5G牌照后，网络覆盖将根据市场需求，在17个5G创新示范城市的基础之上，迅速扩大至40多个城市和区域；将进一步加大投入，加快推进5G终端产业链的全面成熟和各种形态5G终端的上市，满足各行业广大用户需求。目前已知在北京、上海、重庆、广州、雄安、深圳、杭州、苏州、武汉、成都、福州、兰州、琼海、南京、海口、鹰潭、宁波17个城市进行了5G规模测试和应用示范。

根据运营商披露，中国移动2019年将建设3万至5万个5G基站；中国电信初期预计5G基站投入达到2万个；中国联通2019年将根据测试效果及设备成熟度，适度扩大试验规模。目前，中国移动发起设立5G创新产业基金，总规模300亿元，首期100亿元已募集多家基金参与，聚焦重点应用领域，引导中频段5G产业生态加速成熟。中国联通设立百亿孵化基金，全力助力合作伙伴成为各个领域5G应用和数字化转型的领航者。

第二部分
应用篇

4G改变生活，5G改变社会。5G关注大场景、多维度的应用，将推进各平台融合，催生新业态，甚至可能引发产业变革。

05

第五章
5G与云化虚拟现实

导言

云化虚拟现实凭借对高带宽、低时延的网络传输及云计算服务的需求，获得运营商的高度关注，有望成为5G时代的率先应用场景，加速推动“虚拟现实+”在文化娱乐、工业生产、医疗健康、教育培训、商贸创意等大众和行业领域中的规模化融合应用。

一、云化虚拟现实认知

1. 虚拟现实

虚拟现实（Virtual Reality，简称VR）是利用电脑模拟产生一个三维空间的虚拟世界提供给使用者关于视觉、听觉、触觉等感官的模拟，让使用者如同身临其境一般，可以及时、没有限制地观察三维空间内的事物。

2. 增强现实

增强现实（Augmented Reality，简称AR）是指通过电脑技术，将虚拟的信息应用到真实世界，真实的环境和虚拟的物体实时地叠加到了同一个画面或空间同时存在。

3. 混合现实

混合现实（Mix Reality，简称MR）既包括增强现实又包括增强虚拟，指的是合并现实和虚拟世界而产生的新的可视化环境，在新的可视化环境里物理和数字对象共存并实时互动。

4. 云化虚拟现实

虚拟现实带来了前所未有的沉浸式体验，是当前全球新一代信息技术的热点和竞争焦点。云化虚拟现实（Cloud VR）将内容上云、渲染上云，凭借降低消费成本、提升用户体验、普及商业场景和保护内容版权等显著优势，成为当前VR产业自主选择的规模化发展之路。

伴随着Cloud VR理念的不断渗透、产业链的持续完善，用户体验需求被逐渐唤醒，并有运营商发布了Cloud VR业务，标志着Cloud VR时代已经到来。

云化虚拟现实的主要特点如图5-1所示。

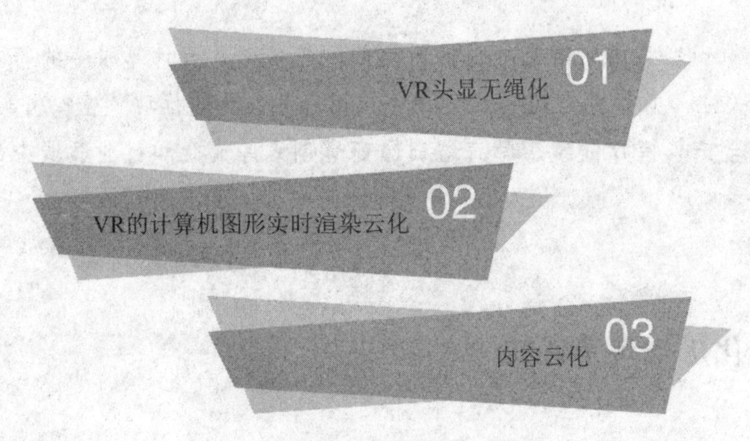

图5-1　云化虚拟现实的主要特点

二、5G助力云化虚拟现实发展

5G技术让智能家居、可穿戴设备等新型信息产品、虚拟现实等数字内容服务真正走进千家万户，增加信息消费的有效供给，推动信息消费的扩大和升级，释放内需潜力。

1.5G云化虚拟现实的核心

5G云化虚拟现实核心在于内容上云、渲染上云，乃至日后的制作上云。将云计算、云渲染的理念及技术引入到虚拟现实业务中，借助高速稳定的网络，将云端的显示输出和声音输出等经过编码压缩后传输到用户的终端设备，在虚拟现实终端无绳化的情况下，实现业务内容上云、渲染上云，成为贯通采集、传输、播放全流程的云控平台解决方案。如图5-2所示。

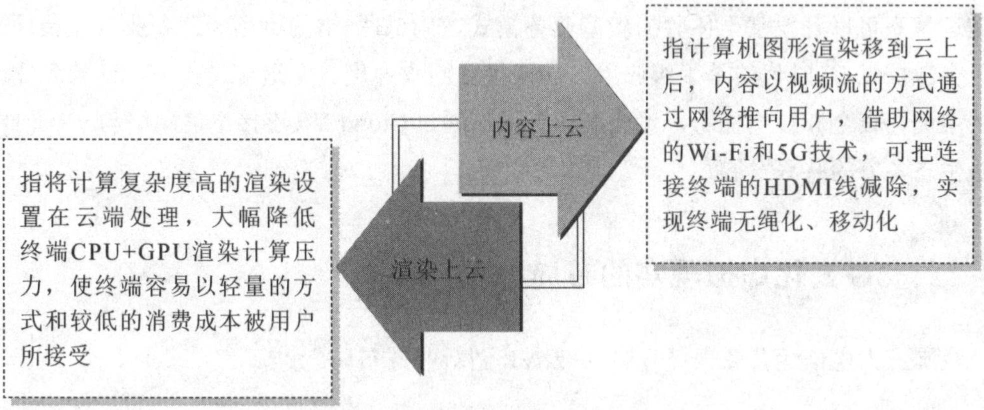

指将计算复杂度高的渲染设置在云端处理，大幅降低终端CPU+GPU渲染计算压力，使终端容易以轻量的方式和较低的消费成本被用户所接受

渲染上云

内容上云

指计算机图形渲染移到云上后，内容以视频流的方式通过网络推向用户，借助网络的Wi-Fi和5G技术，可把连接终端的HDMI线减除，实现终端无绳化、移动化

图5-2　5G云化虚拟现实的核心

2.5G云化虚拟现实的发展动因

用户体验、终端成本、技术创新与内容版权成为5G云VR的发展动因，如图5-3所示。

图5-3　5G云化虚拟现实的发展动因

VR用户体验与终端成本的平衡是目前影响VR产业发展的关键问题。一方面，低成本终端确实有助于提升VR硬件普及率，但有限的硬件配置也限制了用户体验，影响了消费者对VR的持续使用和真正接纳。另一方面，以HTC VIVE、Oculus Rift、Sonylay Station等为代表的高品质VR设备，其配置套装价格高达数千元乃至万元，过高的终端成本明显制约了高品质VR的普及。在这一背景下，5G云VR有望切实加速推动VR规模化应用，预计2020年，VR用户渗透率将达15%，视频用户渗透率达80%。

通过将VR应用所需的内容处理与计算能力置于云端，可有效大幅降低终端成本，且维持良好的用户体验，对VR业务的流畅性、清晰度、无绳化等提供保障。

同时，随着VR终端的逐渐普及，VR内容需要不断适配各类不同规格的硬件设备。在Cloud VR架构下，VR内容处理与计算能力驻留在云端，可以便捷地适配差异化的VR硬件设备，同时针对高昂的虚拟现实内容制作成本，也有助于实施更严格的内容版权保护措施，遏制内容盗版，保护VR产业的可持续发展。

此外，由于Cloud VR的计算和内容处理在云端完成，VR内容在云端与终端设备间的传输需要相比4G时代更优的带宽和时延水平，利用5G网络的高速率、低时延特性，电信运营商可以开发基于体验的新型业务模式，为5G网络的市场经营和业务发展探索新的机会，探索5G时代的杀手级应用，加快投资回收速度。在这一过程中，运营商凭借拥有的渠道、资金和技术优势，聚合产业资源，通过Cloud VR连接电信网络与VR产业链，促进生态各方的共赢发展。

三、5G云化虚拟现实的布局

我国三大电信运营商积极开展5G云VR创新业务布局。

1. 中国移动布局

2018年7月18日，中国移动福建公司举办“和·云VR智引未来”发布会，全球首个运营商云VR业务试商用开启。“和·云VR”基于千兆家庭智能组网、Wi-Fi网络和云化渲染技术，可以为我们带来丰富的VR应用体验场景，从而让我们的客厅真正“动”起来，智慧家庭业务从此迈入VR时代。

在发布会现场，“和·云VR”向我们展示了丰富的应用场景。“和·云VR”主打巨幕影院、VR现场、VR趣播、VR教育、VR游戏等趣味场景，让用户足不出户便能身临其境地欣赏演唱会、大赛、巨幕影院、奇彩风光、教育课程，或是来局酣畅淋漓的游戏，沉浸在虚拟现实的魅力中。此次“和·云VR”率先尝试将云VR应用引入家庭场景，标志着数字家庭消费升级将取得新的突破。

2. 中国联通布局

2018年9月5日，中国联通发布了5G+视频推进计划，将从技术引领、开放合作、重大应用、规模推广四个方面启动5G+视频未来推进计划，以8K、VR为代表的5G网络超高清视频应用将构成未来中国联通5G+视频的战略核心。

2019年2月13日～19日，山东省正式迎来省政协第十二届二次会议和第十三届人民代表大会二次会议。

本次两会相比以往增加了一个新亮点，即首次通过5G+VR进行全景实时直播，让观众身临其境地感受山东两会现场的氛围。

两会现场布置专业的VR全景摄像头，对两会现场进行全景视频的采集，中国联通利用5G网络回传VR视频源，人们在家便可通过微信公众号观看山东两会的现场直播，此次5G+VR全景实时直播给观众带来了与众不同的视觉盛宴。这也是继2019年春晚央视携手中国联通、华为公司完成多个外场的5G直播之后，5G与超高清视频产业在山东的再一次亮相，标志着中国联通走在了齐鲁大地5G产业发展的前列。

此次山东两会VR全景实时直播对于网络宽带速率和低时延有着极高的要求，一旦出现掉帧或卡顿情况，会影响甚至阻断用户的沉浸式观看体验，正是依赖于中国联通5G网络的超大宽带、低时延、高稳定性，保证了全景直播视频无掉帧、无卡顿，满足观众良好收看效果。

3.中国电信布局

2018年9月13日，中国电信发布了云VR计划，将立足中国电信1.5亿宽带用户产业基础，依托于网络、云计算和智慧家庭等方面的优势资源，联合合作伙伴制定云VR规范，加速推进云VR技术的产品化和商业模式创新。

此外，为加速虚拟现实产业普及推广，工信部在2018年12月印发了《关于加快推进虚拟现实产业发展的指导意见》（简称《意见》），《意见》提出发展端云协同的虚拟现实网络分发和应用服务聚合平台（Cloud VR），旨在提升高质量、产业级、规模化产品的有效供给。

四、5G云化虚拟现实产业链

虚拟现实产业链条长、参与主体多，主要分为如图5-4所示的四大块，目前，5G云VR正成为虚拟现实产业生态中的新兴力量。

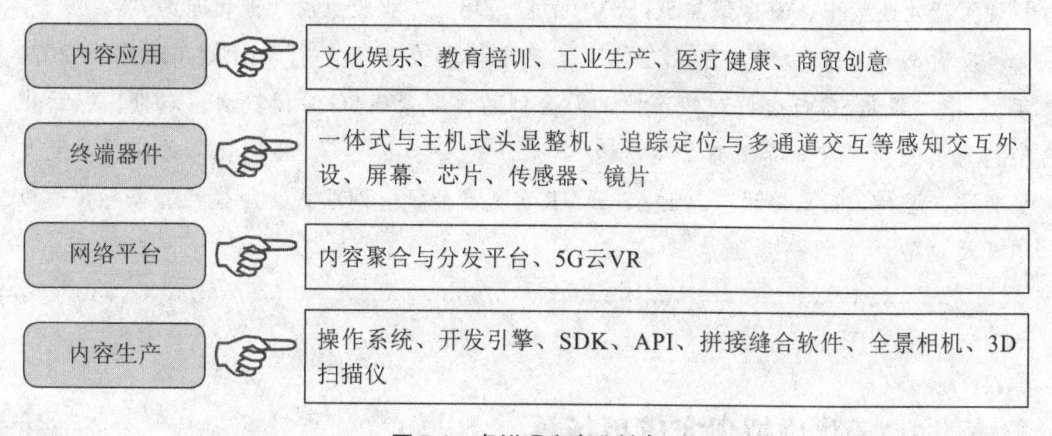

图5-4　虚拟现实产业链条

（1）内容应用方面，聚焦文化娱乐、教育培训、工业生产、医疗健康和商贸创意领域，呈现出“虚拟现实+”大众与行业应用融合创新的特点。

（2）终端器件方面，传统高配置VR终端造价高昂，主要涉及一体式与主机式头显整机、追踪定位与多通道交互等感知交互外设、屏幕、芯片、传感器、镜片等关键器件，5G云VR可有效降低终端配置需求，且维持良好的用户体验，促进规模化应用。

（3）网络平台方面，除互联网厂商主导的内容聚合与分发平台外，电信运营商以云化架构为引领推出宽带及5G云VR，基于虚拟现实终端无绳化发展趋势，实现业务内容上云、渲染上云，以期降低优质内容的获取难度和硬件成本，探索虚拟现实阶段规模化应用，5G网络将进一步提升现有云VR体验层级，且为工业、医疗等对低延时要求极高的场景提供可能。

（4）内容生产方面，主要涉及面向虚拟现实的操作系统、开发引擎、SDK、API、拼接缝合软件、全景相机、3D扫描仪等开发环境、工具与内容采集系统。

相关链接

5G云VR成为虚拟现实产业政策热点方向

虚拟现实已被列入“十三五”信息化规划、互联网+、人工智能、产业结构调整指导等多项国家重大文件中，工信部、发改委、科技部、文化和旅游部、商务部出台相关政策，5G云VR正逐渐成为热点趋势之一。2018年12月工信部出台的《关于加快推进虚拟现实产业发展的指导意见》指出，在产业生态方面，要发展端云协同的虚拟现实网络分发和应用服务聚合平台（Cloud VR），要推动建立高效、安全的虚拟现实内容与应用支付平台及分发渠道。在青岛、福州、成都、南昌等地方政府新一轮虚拟现实产业政策中，着重聚焦5G云VR的应用场景并积极推动产业化布局。

以青岛崂山区为例，在《虚拟现实产业之都发展三年行动计划（2019 ~ 2021年）》中，聚焦5G与虚拟现实产业的融合创新，即紧抓5G时代机遇窗口期，以云化架构为引领，突破业界惯有“展厅级”“孤岛式”“小众性”“雷同化”的应用示范发展瓶颈，坚持走群众路线，通过5G云VR实现产业级、网联式、规模性、差异化的应用普及之路。

五、5G云化虚拟现实应用场景

云VR作为5G时代VR应用场景落地，走向大普及的方式，势必将给人们的生活带来翻天覆地的变化。

1.5G云化虚拟现实+教育

5G云化虚拟现实技术构建异地、多人、多端的全息教学场。通过传统教育中的“教学练”与全息的“人物场”深度结合，打破时空限制，营造虚实相融的教学环境，衍生出丰富多元的教学应用。5G+MR全息教室是5G云化虚拟现实教育的典型场景，可实现图5-5所示的三大功能。

1　异地多人加入，异地师生可即时加入课堂，无人数上限

2　多人同时交互，针对教学环境中的所有内容（包括人、物、场）进行交互，同步反馈，直观高效

3　多端无缝衔接，无论当下终端是智能眼镜、手机或PC，皆可实时连接，且内容呈现和交互协作无缝衔接

图5-5　5G+MR全息教室的功能

考虑到MR混合现实对网络带宽和时延的双敏感性，5G+MR全息教室接入高速率、低时延的5G网络，并引入边缘计算和切片网络，实现云端渲染，为教学提供优秀的显示画质和更低的渲染时延。5G的超大带宽、超低时延及超强移动性可确保整个全息教学系统的沉浸体验效果。基于5G+MR全息教室的教学系统可改变传统教学模式，通过虚实结合的全新教学方式辅助课堂教学，营造场景化教学新体验。

伴随5G技术的发展，异地多人的教学模式可能成为未来主流。2019年6月，首个5G+MR教室在上海徐汇中学落成，并通过5G和MR混合现实教学系统，顺利与远在云南的红河州云阳中学实现异地双向同步教学。同时，青岛萃英中学、上海建平中学等多地重点中学也将先后落成5G+MR教室，帮助异地师生更好地交流、探索和学习，用新一代信息技术推动教育公平化进程。

2.5G云化虚拟现实+演唱会

5G云化虚拟现实技术创造演唱会全新的视觉体验。5G云化虚拟现实技术在演唱会中的应用主要有基于VR的高清全景演唱会直播，以及MR/AR形式演唱会。

（1）VR演唱会全景直播。VR全景直播采用多机位全景视角进行拍摄，一方面可以提供更多观看角度，另一方面针对单一观看点提供360°×180°全视觉效果，极大提升演唱会观看体验。基于5G云化的VR全景直播技术，凭借5G超高带宽、CDN和边缘云MEC技术，可更好地满足传输带宽和拼接算力的需求，提供更具沉浸感的全景直播体验。在演唱会现场，通过全景拍摄设备，可从多个拍摄点进行实时全景影像取景，并通

过5G网络传输至边缘云，在边缘云上借助高性能拼接缝合技术对视频流进行处理，将拍摄画面进行拼接和优化，并实时传输给场内的终端进行现场互动，同时还可通过5G网络低时延传输给场外的远端用户进行直播互动。5G可以实现4K/8K的VR直播效果，并将平均时延控制在10ms。对于终端用户，5G网络支持观看视点流畅平滑的无缝切换，保证直播时音画同步。

（2）MR/AR演唱会。借助5G网络下端到端网络切片的SLA/QoS保障，以及实时虚实场景拟合和高性能拼接技术，MR/AR全息演唱会可提供强交互、多场景的全息沉浸体验。在5G网络环境下，通过网络切片和MEC技术完成云渲染和虚实场景拟合，现场观众可佩戴MR/AR眼镜观看融入全息特效的演唱会，并在歌手、观众、全息数字特效间形成多维互动，营造丰富的现场效果。

资讯平台

2019年7月20日，由咪咕公司出品的5G原创音乐盛典——“REALME · 2019来电之夜”在南京圆满落幕。

作为中国移动发布“5G+”计划后的首场5G音乐盛典大秀，咪咕用一场以5G网络全覆盖、5G真4K全程直播的原创音乐盛典，带来了5G+演唱会新看法、新听法、新玩法、新拍法，吸引了超1950万真乐粉在线全场景沉浸式体验真乐魅力。

2019来电之夜由江苏移动架设的5G网络，全面保障了南京奥体中心的5G网络全覆盖，让现场部分乐迷们的5G手机可以畅快体验。同时，乐迷们借助AI剪辑的功能，可以将本场盛典精彩片段实时设置为自己的超高清视频彩铃。在5G+真4K超高清直播的助力下，现场内外的乐迷们通过咪咕音乐APP实现了盛典主舞台视角、粉丝视角、后台视角、50帧原画等多视角多屏同看，全方位锁定歌手们台前台后的每一刻动态，毫发毕现的超高清、超流畅画质，实时为所有真乐粉传递真实、纯粹的真乐力量。据统计，当晚通过咪咕音乐、咪咕视频、咪咕直播、咪咕爱唱、咪视通和百视通等平台观看直播的用户超1950万人次。

5G+玩法不仅提升了众多乐迷玩转演唱会直播体验，还吸引了众多艺人参与，让艺人与粉丝之间的互动更好玩。当晚，SNH48_BLUEV成员们一组留在后台，一组来到江苏移动在南京的5G体验馆现场，两组成员通过5G手机视频连线同唱了一首《MAMI》，超低时延让两地的甜美嗓音同声同步，运用5G技术实力上演甜蜜宠粉现场。

3.5G云化虚拟现实+工业

5G云化虚拟现实技术深度融合物联网技术，推动关键业务降本增效。借助5G网络将云化虚拟现实技术与企业ERP系统及IoT物联网系统对接，围绕工业中的刚需场景，构建新型智慧工业，服务于业务更精细化、要求更高的远程协助、实时操作指引等关键业务。

（1）远程协助。通过5G云化虚拟现实技术，将操作环境和对象在远端专家面前模拟还原。通过双向全息成像，专家可在模拟的全息环境中进行操作并将过程同步回传至操作现场，真实还原专家“手把手”协助指导。

（2）实时操作指引。借助5G云化虚拟现实技术中边缘云MEC和中心云神经网络计算，对操作对象和环境进行实时扫描与智能标记，提供操作流程3D指引，并通过IoT提供实时操作反馈。

（3）日常巡检。借助5G网络MEC功能可对厂区进行三维重建，构建基于智能眼镜的全息BIM系统，并可随时调取查看各区域产线生产信息。5G云化技术提供的云端语义地图可直接获取设备实时运转数据，并通过全息信息交互远程操控，动态调配产能。

（4）产品展示。AR眼镜通过5G网络可提供基于云渲染的全息虚拟产品形态，以及全息的操作内容辅助，极大提高操作人员信息接收效率，进而提高工作效率。

4.5G云化虚拟现实+医疗

5G云化虚拟现实技术推动救治模式革新，助力医疗资源公平化进程。在5G网络下，VR/AR医疗应用时延将降至10ms内，实现从教学培训和辅助康复延展到时效性更强的救治和诊疗中，极大拓宽医疗领域的应用场景。

（1）远程救治。凭借5G超低时延的特性，一线抢救人员可通过智能终端实时拍摄记录伤员创伤情况，并在第一时间以VR直播形式传回救治中心，远端医生可对创伤进行实时3D标注，并发送救治操作方法给一线抢救人员。由于5G时延极低，医院了解到的患者体征数据与一线同步，保证救治手段及时准确。

（2）智能会诊。通过5G云化虚拟现实技术建立的异地多人通信，病例与救治方案可以3D形式呈现在医生与患者双方/多方面前，并借助云端神经网络集群，对患者病情走势进行分析和预判，提供精准有效的治疗方案。

微视角

5G云化虚拟现实技术可以帮助医疗行业提高救治效率，减少由时延带来的不必要病痛。同时通过多端全息会诊可推动医疗资源公平化和均衡化发展，服务更多偏远地区患者。

5.5G云化虚拟现实+游戏

5G云化虚拟现实技术打造全新互动游戏视觉与交互体验。

5G连接的云端GPU集群将极大提高游戏渲染能力，提升多人互动游戏的沉浸体验。

VR/AR游戏的实时渲染和媒体处理所需的GPU庞大算力将由MEC边缘云完成，就近完成渲染处理和效果下发，最大限度降低大量图像数据传输造成的时延。VR/AR终端仅需从MEC接收渲染效果并进行基础解码、处理、呈现，间接减小了对终端体积和性能的要求。用户可通过更廉价、轻便的终端连接5G网络，享受互动感和沉浸感兼具的云端游戏。

【案例一】

威尔文教“VR超感教室”

2019年北京教育装备展上，北京威尔文教科技有限责任公司展示了“VR超感教室”。威尔文教将基于“5G+云计算+VR”，打造便捷高效的端到端云计算平台，构建VR智能教学生态系统，如下图所示。

VR超感教室

VR超感教室是结合目前课堂现状与学生的身心发展规律所推出的全新课堂教学模式，适用于中小学以及各类教学机构，集虚拟现实、全景声、自然交互等先进技术打造沉浸式虚拟课堂教学环境。

VR超感课堂将虚拟现实技术与实际教育教学知识点紧密结合，多种形式应用于课堂教学等场景，以优质的VR课程资源为核心，集合VR超感学习机、教师管控设备、中控服务器、移动充电车与投屏传输器等硬件设备以及VR超感授课软件、教学授课管控系统、中控系统及海量优质教学资源为一体，打造与实际教育教学高度结合的高仿真、沉浸式、可交互的一体化解决方案。

VR超感教室具有以下四个核心优势。

（1）生动有趣的沉浸式授课体验。采用虚拟现实技术打造更贴合学生身心发展的沉浸式教学模式，将抽象知识内容形象展现在学生眼前，使学生能够更加清晰地理解所学内容，提升学习效率。

（2）便捷高效的设备管理。通过教学授课管控平台可以对学生设备进行一键式管理，包括设备状态监控、电量显示、数量统计以及一键关机等功能，实现了设备高效管理，并提高了课堂效率。

（3）自主灵活的课堂把控。授课管控系统具有设备管控、资源管控以及系统管控等特色，教室可以通过平板实时把控课堂教学进度、学生设备使用情况、学生的注意力，从而提高课堂效率。

（4）体系完善的课程教案。体系内包含与教学大纲课程资源配套的详细VR教学设计，让教师上课更轻松，让课堂教学更高效。

【案例二】

华为Cloud VR连接服务

2019年1月25日，华为重磅发布了5G Cloud VR服务，包括Cloud VR开发套件、华为云Cloud VR连接服务以及Cloud VR开发者社区。这是全球第一个Cloud VR开发者平台，以及互动的生态建设第一次的发布。

要实现重度计算机渲染（CG）场景下的VR业务普适，首先就是要解决可获得性问题。在5G Cloud VR场景中，虚拟图像的生成从本地迁移到云端，使得终端变得更加简单，使用成本更低，这将促进VR走向千行万业。

此次发布的华为云5G Cloud VR服务包括3个模块。

（1）Cloud VR开发套件，用于线下开发，开发者可先基于本地局域网络进行内容开发。

（2）华为云Cloud VR连接服务，与运营商网络进行云端适配，并最终实现商用。华为云Cloud VR连接服务既可以直接为行业用户提供商用服务，也可以被开发者二次开发和集成。

（3）Cloud VR开发者社区，用于交流互动和经验分享。

随着移动产业的不断发展，人们对体验需求不断提高，5G超大带宽、超低时延的特性以及可保障的网络等都是实现云+新兴业务的基础。通过智终端、宽管道、云应用的5G典型业务模式，Cloud VR将成为5G元年最重要的eMBB业务之一。

"5G和云是Cloud VR普及的双引擎，华为云增加了Cloud VR连接服务后，配合华为云遍布各地的计算资源，成为Cloud VR业务培养的沃土。任何传统的VR开发者、运营者以及新进入者，都可以基于这个黑土地，轻松拓展自身业务。"华为无线网络首席营销官周跃峰在发布会上表示，"在5G来临前夜，该服务可以培育出众多的Cloud VR应用，并因为上云的低成本及使用的低门槛，让VR无处不在。本次发布的华为云5G Cloud VR连接服务将是业界第一个5G eMBB百兆级价值业务。"

华为XLabs下属MBB实验室主任赵其勇在与开发者现场交流中提道："我们基于业界先进的开源组件和API，研发了Cloud VR连接协议和软件，且针对华为云平台进行了核心代码重构和优化，并支持面向5G的广域IP传输网络及多类型VR头盔。我们把该协议和软件转化为华为云的一种服务，提供给广大开发者使用。通过5G和云，充分发挥云的算力和头盔的便携性，带来了一种全新的业务模式和边界突破。"

此外，华为AR/VR产品线副总裁赵学知、华为云文娱解决方案专家周钮冬也出席了活动，表示基于5G和云构筑的Cloud VR模式将有效推动产业迅速发展，更好地协同端管云。他们两位分别就终端、云业务支持上解答了VR开发者的许多问题，为产业生态构建指引方向扫清阴霾。

华为提供了一项Cloud VR开发者扶持计划，符合条件的开发者可获得华为云资源充值券，重点扶持教育、旅游、建筑、会展、娱乐等行业的VR应用上云，支持产业生态发展。

【案例三】▸▸▸

江西5G+VR春节联欢晚会

2019年江西省春节联欢晚会首次采用5G+8K+VR进行录制播出。现场观众可以通过手机、PC以及VR头显等多种方式体验观看，尤其是VR头显用户可以体验沉浸式观看。下页图所示为2019年江西省春节联欢晚会录制现场。

2019年江西省春节联欢晚会录制现场

1. 观众自由选择角度全景式沉浸观看

传统平面电视观看，观众收看的画面是通过导播的机位切换（电视语言）形成视角的变化，观众是被动观看的过程，没办法实时观看自己想看的区域和角度。

本台春晚，在场馆内外部署多台6目8K超高清VR全景摄影机同步拍摄，呈现出360°的视觉效果，观众朋友可以身临其境般地在“观众席”上观看表演，自由选择自己想看的角度，这是与传统电视观看的最大区别。

为了让用户更好地全景式体验，本次晚会还专门使用了“飞猫”设备，位于舞台正上方最高点，直线式纵深移动，给用户呈现“居高临下”的全景视角，让全景视角更完整、更丰富。

2.5G与VR完美结合满足用户流畅体验

通常我们接触到的VR场景是非联网状态（本地存储）下的应用，根本原因在于VR视频传输对带宽和时延的要求非常高，VR进阶体验乃至极致体验对带宽要求至少在1Gbps以上，强交互VR对于往返时延要求将达到10ms以内，只有5G网络的超大带宽、超低时延特点才能保证视频无掉帧、无卡顿情况，满足用户的流畅体验。

正因为此，5G网络给VR虚拟现实的沉浸式体验带来无限的可能，更将驱动VR加速成熟、走向大众。本次5G+VR与江西卫视春晚的合作，正是在中国联通5G创新中心的大力支持下，基于江西联通与江西广电“赣云”融媒体中心组建5G媒体联合实验室，利用与华为联合建设的5G网络大带宽和低时延特性，合力推进基于5G网络的广电级4K/8K高清视频和VR视频直播技术研究与业务推广试点。

在录制过程中，5G网络的无线急速回传，也极大地解决了晚会现场布线及机位灵活游走的问题，方便了拍摄，美化了现场。

3.观众收看指南双选择随心看

据了解，观众朋友可以通过扫描电视屏幕上的二维码，运用两种方式收看VR春晚，一种是使用VR眼镜沉浸式观看，另一种是直接手机屏幕裸眼360°观看，不论哪种方式，都将是春晚观看的新体验。

06

第六章

5G与超高清视频

导言

5G具有的超大带宽、低时延，可以解决超高清视频痛点，高度融合超高清视频需要高速率的极致体验。超高清将是5G落地后率先引爆变革的行业，也是和个人消费者文化娱乐生活息息相关的行业。

一、超高清视频认知

视频是信息呈现和传播的主要载体，超高清视频是继视频数字化、高清化之后的新一轮重大技术革新，将带动视频采集、制作、传输、呈现、应用等产业链各环节发生深刻变革，对满足人民日益增长的美好生活需要、驱动以视频为核心的行业智能化转型、促进我国信息产业和文化产业整体实力提升具有重大意义。

从分辨率上来看，超高清视频的画面分辨率定义在4K及以上，4K、8K超高清视频的画面分辨率分别是高清视频的4倍和16倍。4K的分辨率是3840×2160像素，而8K分辨率达到7680×4320像素，是4K电视的4倍。

微视角

通过高分辨率、高帧率、高色深、宽色域、高动态范围、三维声六个维度技术的全面提升，超高清视频可带来更具震撼力、感染力和沉浸感的用户体验。

二、5G与超高清视频相辅相成

超高清视频的优点是非常强的临场感和实物感，对现实场景有最为细腻逼真的还原，尤其是对要求极高的体育赛事转播来说，超高清显示可实现极为真切的视感。

中国通信标准化协会发布的《4K视频传送需求研究报告》写明了传输入门级4K、运营级4K、极致4K、8K的带宽需求，要求最高的8K视频需要135Mbps的带宽，要求最低的入门级4K也需要18～24Mbps的带宽。另外，《4K视频传送需求研究报告》中还写明了4K超清视频对于承载网端到端的总体要求为：端到端带宽要大于50Mbps，往返时延（RTT）要小于20ms，丢包率PLR要小于10~5（通过端云优化降低对网络的要求）。

5G技术能够使得媒体行业实时高清渲染和大幅降低设备对本地计算能力的需求得以落地，不仅可满足超高清视频直播，还能让AR/VR对画质和延时要求较高的应用获得长足的发展。

2019年4月，在上海新国际博览中心举行的中国机器视觉展（Vision China）上，一台5G+8K超高清实时影像传输系统屏幕上，正在实时直播通过中国移动5G信号从10公里以外传输过来的黄浦江沿岸景观画面，而这些画面是通过国内首套8K@120帧无损影像摄影机拍摄的。此次景观直播活动，是极清慧视科技公司联合中国移动共同打造的全国首个基于5G网络的8K超高清视频现场直播。

5G+8K超高清影像传输的成功实现，标志着5G在超高清影像的应用探索上，迈出了关键一步，有利于5G由技术优势向应用优势转化，并带动相关产业发展。

5G商用给4K、8K视频产业发展带来了“风口”。工业和信息化部、国家广播电视总局、中央广播电视总台发布的《超高清视频产业发展行动计划（2019～2022年）》指出，探索5G应用于超高清视频传输，实现超高清视频业务与5G的协同发展；按照“4K先行、兼顾8K”的总体技术路线，大力推进超高清视频产业发展和相关领域的应用。

微视角

超高清电视通常要在合适的观看距离使用大屏幕观看才能表现出其巨大优势，观看4K超清视频需要55in以上的屏幕，如果是8K超清视频，通常需要用82in以上的屏幕观看。

三、5G超清视频产业发展布局

“信息视频化、视频超高清化”已经成为全球信息产业发展的大趋势。从增长和规模来看，到2022年，超高清（或4K）的视频点播IP流量将占全球IP视频流量的22%，超高清占视频点播IP流量的百分比将高达35%；从技术演进来看，视频已经从标清、高清进入4K，即将进入8K、AR/VR时代；从各互联网领域来看，随着网络速率的提升、应用终端的逐步完善，家庭互联网已经率先实现了4K的超高清化，移动互联网和产业互联网也在向高清化、超高清化快速演进。

日本NHK在2016年的里约奥运会进行了8K广播测试，2018年正式开始8K卫星电视广播，并规划在2020年的东京奥运会进行8K电视转播。2018年底，NHK率先开通了全球首个8K卫星广播频道，提供4K及8K22.2声道内容。

在电视终端方面，LG发布世界最大的8K OLED屏幕，实现8K技术与OLED技术的首次结合；索尼研发基于8K HDR显示的高端画质图像处理引擎；海信推出激光电视和ULED电视；TCL专注于4K画质高动态渲染；夏普则率先推出消费级8K电视。

近年来，中国超高清视频产业发展拥有难得的机遇，也面临巨大的挑战，国家各层面均积极倡导发挥市场优势，加大政策支撑和引导力度，加快超高清视频技术产品创新和应用普及进程。

1. 工业和信息化部——发起中国超高清视频产业联盟

2018年3月，在工业和信息化部指导下，中国超高清视频产业联盟由超高清视频产品制造、视频传输、内容生产、应用和服务等领域的主要企事业单位、科研院所、专业机构等发起成立，将积极搭建政产学研用紧密合作的公共服务平台，汇聚超高清视频产业资源和各方面力量，促进行业交流合作，培育超高清视频新业态、新模式，助力打造国际先进的超高清视频产业集群，推动构建中国超高清视频产业生态体系，中国联通是联盟副理事长单位和联盟发起倡议单位。

2. 中央广播电视总台——实现4K超高清频道落地和5G新媒体试验

2018年底，中央广播电视总台与中国电信、中国移动、中国联通、华为公司签署战略协议合作，建设国家级5G新媒体平台，通过联合建设“5G媒体应用实验室”积极开展5G环境下的视频应用和产品创新，形成电视、广播、网媒三位一体的全媒介多终端传播渠道，并发布4K超高清技术规划和超高清频道。

在北京超高清视频协同制作中心，全球第一台5G+8K转播车已经组装完毕。这台我国主导设计和集成制造的8K转播车，是目前全球视音频系统规模最大、技术水平最先进的第一辆5G+8K转播车，在2019年8月22日投入使用。

这辆转播车整车常驻八个8K摄像机讯道和两个高速摄像机讯道，在8K模式下最多可以使用12个8K摄像机制作精彩的8K直播节目，4K模式下常驻16个摄像机讯道，并具备扩展到接入32台以上4K摄像机的能力，能应对最复杂的体育赛事转播。车上装备的国产8K慢动作收录系统和8K字幕包装系统、车载计算中心等都是全世界第一次装车试用。

3. 中国三大电信运营商——推动5G与下一代超高清视频商用探索

（1）中国联通布局。中国联通聚焦视频战略，完成从“关注产品实现”到“关注用户体验”的思路转变。

2018年，中国联通发布中国联通5G+视频推进计划，在17个城市开展5G试点网络测试和创新应用示范孵化，在5G新媒体领域完成多个首发的行业应用实践，包括央视春晚实现国内首次5G+VR实时制作传输应用、极寒天气下5G+4K传输应用、在杭州试点首次专业级5G+8K直播应用、在江西试点首次5G+VR春晚直播、与首钢打造5G智慧园区助力智慧冬奥、在福建完成全球首例基于5G的远程动物手术、与青岛港打造首个5G智慧码头等。

2019年7月19日，中国联通携手云际智慧，宣布双方将联手推出智能超高清视频平台，这也是双方依托自身的网络优势和技术能力，为在传输层面解决超高清视频及应用普及的痛点推出的新方案。2019年1月底，云际智慧由中国联通与网宿科技共同出资成立，目的就是通过推动CDN、边缘计算、云安全等领域的技术创新，为4K、8K、VR等高清视频产业以及人工智能等领域提供新一代CDN和边缘计算能力。

（2）中国移动布局。中国移动通过大连接战略布局超高清视频领域，发布首个省级VR业务管理规范，实现全球首个运营商云VR业务试商用；完成基于3GPP标准R15版本的5G端到端8K视频演示，并在乌镇等地完成试验应用。

2018年，中国移动与中国国际电视总公司签署战略合作协议，涵盖5G技术研发、4K超高清频道建设、内容分发、大数据以及资本等领域，是2018央视世界杯新媒体指定官方合作伙伴。

中国移动在2019年6月25日的5G+计划发布会上表示，将投入30亿元实施“5G+超高清赋能数字内容产业创新发展”计划，这个计划将通过旗下咪咕公司实施。作为中国移动旗下的全场景沉浸平台，咪咕公司成立近5年以来，布局深耕了视频、音乐、阅读、动漫、游戏等内容领域，并于2018年世界杯期间正式进军体育内容产业，目前已实现全年350场真4K体育赛事和演艺直播，超高清内容储备居行业第一。

（3）中国电信布局。中国电信通过转型3.0战略，涵盖视频3.0战略，以大视频为核心，提供差异化方案。

2018年，中国电信与华为联合发布云VR产品，计划2019年底在全国一二线城市全面加载VR业务；与东方明珠、百视通、富士康发布基于5G测试网络的8K视频应用平台，并与各合作伙伴共同成立“5G+8K”产业联盟。

四、5G与超清视频家庭/个人应用场景

1.8K直播/点播

8K直播/点播是指基于5G网络，通过8K/VR技术应用，对比赛、演唱会、重大活动等大型活动场景进行直播，或后期制作成点播节目推送给家庭/个人用户，带给用户沉浸式的临场感。未来，8K直播/点播还将为用户带来更好的视听觉和交互体验。

（1）大型赛事直播。2018年第23届冬奥会在韩国平昌举行，各大转播机构采用了最新的8K和VR技术，精彩呈现美轮美奂的雪景，如实记录各路健儿的激烈角逐。大量比赛采用了高清VR直播，包括高山滑雪、冰壶、花式滑冰、冰球、短道速滑、高台滑雪、俯式冰橇、单板滑雪以及开闭幕式，沉浸式和交互式360°画面，美到令人窒息。采用5G网络传输各种户外超清体育赛事给观众带来身临其境的现场参与感。

（2）大型演出直播。2016年12月30日，王菲“幻乐一场”演唱会在上海举办，数

字王国、腾讯视频和微鲸VR联手打造VR直播，为场外粉丝提供“身临其境”的观看体验。据统计，微鲸4K VR视频有9万多用户观看，腾讯直播平台累计有2000多万用户观看，VR直播预约用户超200万。采用5G网络传输各种大型演出活动的超清视频会成功地吸引大批观众，成功扩大活动的影响力和受众数量。

（3）重要事件直播。目前，在国内外重要事件中，采用5G网络传输这些事件的超清直播转播会给观众带来富有沉浸感的视觉盛宴。

2.VR游戏

VR游戏是指利用VR技术让玩家走进虚拟的游戏世界，拥有沉浸的视听感受，并通过身体的运动来进行游戏。云VR游戏是VR的典型应用，交互性强，沉浸感强，是最能吸引用户的业务之一。

3.巨幕影院

家庭巨幕影院，是在室内借助VR头显满足现代人们对于看电影的需求，如私人巨幕、跃然眼前的3D影像，1080P到4K、8K的清晰度，800～1000in巨幕，屏幕大小自由调节等。

五、5G与超清视频典型行业应用场景

1.医疗健康

超高清视频技术可以提供超高精细显示，提高医学图片或影像的清晰度，为医疗诊治提供有力技术支撑。将8K影像技术与医疗检查结合，实现精准医疗，通过8K＋5G，医生还可以更快调取超高清图像信息、开展远程专家会诊以及远程手术，合理高效利用医疗资源，真正实现完善的医疗解决方案。

2.工业制造

超高清视频技术与工业物联网结合，可以实现精细原材料识别、精密定位测量等环节，将8K技术应用于工业可视化、机器人巡检、人机协作交互等场景，与机器视觉、人工智能结合，提高工业自动化、智能化水平。

3.文教娱乐

超高清视频除了显著提高临场感外，与5G、VR/AR结合还能带来更真实的体验，在体育赛事、演唱会等直播中展现出更多普通分辨率捕捉不到的细节，抓住每个精彩瞬间，

有效提升视频内容制播效率。在教育领域，超高清视频可以提供更生动的教学互动体验和更丰富的课程内容，有效提升教育教学质量和科研能力。

4. 视频监控

超高清视频技术可以弥补低光照、大范围、恶劣天气等环境缺陷，真实还原各区域细节。用8K技术升级现有城市安全、反恐防暴、交通监控，结合图像处理技术，实现区域性人脸、车辆、火灾等识别，可大幅提升监控安全领域的保障能力。

【案例一】▸▸▸

全球首例超高清远程手术成功实施

2019年1月18日，中国联通联合北京301医院、福建医大孟超肝胆医院开展手术试验，充分发挥了5G技术大带宽、低延时的优势。操作现场位于5G天线正下方的边缘信号弱覆盖区域，手术人员基于5G网络实时回传的4K/8K超高清视频画面，远程操控50公里外的手术器械，延迟少于30ms。手术过程中超高清视频画面如下图所示。

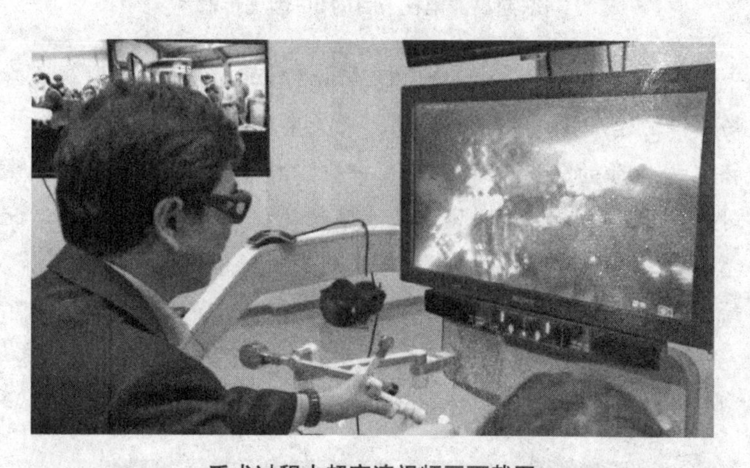

手术过程中超高清视频画面截图

通过5G网络的远程手术突破了传统现场诊疗方式的局限，基于国产自研诊疗设备，实现了手术多设备数据的协同、云端存储、大流量远程调用传输与实时获取，实现了腹腔镜手术远程实时控制。

远程手术对无线通信的延时、带宽、可靠性和安全性有极高的要求，核心是要保障信号实时互联互通。5G技术大带宽、低时延、大连接的优势，与手术机器人相结合，可以实现信号实时互联互通，打破时间和空间的限制，给远程手术提供了可能。

【案例二】

我国首次实现 8K 超高清内容的 5G 远程传输

为期三天的“2019世界移动大会·上海（MWC 2019）”于2019年6月26日在上海新国际博览中心拉开帷幕。

在本次大会举行期间，中央广播电视总台在现场设置超高清互动体验区，并成功实现我国首次8K超高清电视节目的5G远程传输。见下图。

8K超高清电视节目的5G远程传输

当天上午，中央广播电视总台的8K超高清内容的5G远程传输测试为现场嘉宾呈现出极致流畅的传输速度，以及色彩鲜艳、纤毫毕现的画质体验。

此次直播电视信号的传输测试，是由中央广播电视总台联合中国移动、中国联通、华为公司、中国超高清产业联盟以及北京数码视讯公司共同完成。此次测试在中央广播电视总台北京光华路办公区架设了8K超高清摄像机，利用运营商提供的5G超高速网络，结合信号传输及视音频编解码设备，将电视节目信号传送到了位于上海展示现场的8K显示终端，整个过程实时直播，实现了最高在320Mbps/s速率下的8K视频传输。4K屏与8K屏的对比如下图所示。

4K屏与8K屏的对比

这次测试实践充分验证了5G网络在传输方面的优势，为整个超高清电视的应用提供了极好的技术支撑。

【案例三】▸▸▸

8K直播“苏绣”亮相MWC2019圆满成功

2019年6月26日，“2019世界移动大会·上海（MWC2019）”在上海新国际博览中心正式拉开帷幕。在本次展会上，华为5G携手澳视德8K，展示在5G网络下大宽带、低延时的实时8K直播、8K切换、8K点播，8K直播取得圆满成功。

1. 5G+8K实时视频直播，尽显苏绣之美

此次华为展台的5G+8K实时视频直播广受好评，通过5G+8K实时视频直播技术，实时展现中国非物质文化遗产“苏绣”。展台上出身苏绣名家的绣娘飞针走线，一旁的8K屏幕上实时展现超高清的刺绣过程，称得上是丝毫毕现。见下图。

此次的5G商用环境下的苏绣8K直播是澳视德与华为共同合作完成的。又一次以成熟的方案操作，在商业环境下进行了完美的演示，引起了人们的广泛关注。

8K直播细节

2. 5G+8K完美结合，打造“极清视觉”盛宴

相较于前几代的移动网络产品，5G网络的信息传输能力无疑有了质的飞跃，5G除了带来更极致的体验和更大的容量外，还将开启物联网时代，并渗透进各个行业。5G与视频相关领域结合，来迎接超高清视频时代。

作为当前信息通信技术领域的最大焦点，5G热潮也延伸到互联网行业的各个角落，8K直播成为5G核心应用之一。通过技术人员的统计，这个8K直播场景下，直播的视频下载速率达到惊人的160～230Mbps，让人们体验到了高网速带来的视觉体验，并且，据称这还不是5G网速的最高速度，多家智能手机厂商在展会上均展示了超过1Gbps的峰值下载速率。此次展会所展现的5G+8K实时视频直播技术，画面鲜活细腻，无比生动，每一根苏绣丝线都是清晰可见的，充分体现出华为5G通信技术超高速率与超低延迟的特性，以及澳视德8K视频实时直播技术的超高水准。华为和澳视德科技对未来5G和8K产业的布局，也让人们更加期待5G+8K的到来与普及。

07

第七章
5G与车联网

导言

车联网是5G最主要的应用场景之一，将5G技术与车联网技术相结合的5G智能网联驾驶平台，通过构建车与车、车与路、车与人、车与云平台之间的互联互通，能更好地提升交通管理水平，促进城市交通智能化，也是实现无人驾驶的必由之路。

一、车联网的概念

车联网也称作V2X（Vehicle to Everything），是汽车与万物互联，包括车与车（V2V），车与基础设施（V2I）、车与行人（V2P）以及与网络（V2N）之间的通信。

车联网就好像是一个包含有车、交通信号灯等路边设施、行人和云端参与的微信群，群里的每一个参与者都可以将自身的信息与其他参与者即时分享，实现彼此间位置和驾驶意图的识别，对信号灯等交通信息的告知等，协助群内的车辆对道路的感知，支撑车辆自动化。

鉴于传统V2X技术的不足，并充分利用蜂窝移动通信的产业规模优势，全球移动通信标准化组织3GPP在R14标准版本中定义了C-V2X（蜂窝车联网）技术，C代表蜂窝（Cellular）、V代表汽车（Vehicle）、X代表万物（Everything），C-V2X就是基于蜂窝技术的车与万物连接在同一个网络中。V2X整体的应用包括车对网络（V2N）、车对人（V2P）、车对车（V2V）和车对基础设施（V2I）四大场景，它们将汽车与周围环境及云端智能互连，达到降低事故率、优化交通效率的目的。如图7-1所示。

图7-1 C-V2X示意

C-V2X加入了5G高可靠、高带宽、低时延的新空口特性，提升车辆对环境的感知、决策、执行能力，海量数据信息共享能力，为车联网、自动驾驶应用，尤其是涉及车辆安全控制类的应用带来更好的基础条件。

相关链接

车联网的结构组成

车联网是智能交通领域最重要的组成部分。车联网属于物联网领域，有着物联网类似的属性，其结构组成和物联网没有太大的差别，和物联网一样拥有感知层、网络层、应用层三个层次。

1.感知层

感知层主要是对交通信息和机动车本身信息的感知和获取，通过无线网络、RFID、GPS来获取车辆、交通和道路状况、实时位置信息等，实现车与车、车与人和道路的互联，为系统提供可靠的、全面的信息采集功能，所以感知层可以称为车联网的神经末梢。

2.网络层

网络层的责任是处理感知层收集的数据，然后把信息传送到应用层，实现三个层次的数据互通的功能。网络层包含两部分——接入网络和承载网络。接入网络一般指4G无线通信网络、正在研发的5G，还包括WLAN和RFID等网络。承载网络包括运营商的电信网、广播网和交通信息网等。

3.应用层

应用层是三个层次中的最上层，这个层次和用户比较接近。应用层的主要作用是实现人与机器交互的任务，它会通过车辆承载的系统来获取交通、道路和位置等信息，实现车辆管理、道路状况分析和交通信息获取等功能，为智能交通的实现起着关键的节点作用。

二、5G助推车联网发展

与4G主要侧重人与人之间的通信不同，5G形成了端到端的生态系统，它增强了移动带宽，峰值速率可达20Gbit/s，支持更低的时延（≤10ms），更高的可靠性（＞99.99%）以及更大的带宽（每平方公里可连接100万个终端）。而这些数据都意味着更高的安全性，毕竟毫秒级的时延对于一场事故的发现和处理是有截然不同的意义的。多年以来自动驾驶和车联网即使有国家政策的支持，也因为许多客观原因而难以快速发展，主要原因是在于基础技术仍存在瓶颈，而5G网络的商用势必为自动驾驶和车联网的融合提供更合适的契机。

5G网络的高可靠、高带宽、低时延等特性，将补齐车联网、自动驾驶在通信网络层的技术缺口。

我们可通过一组数据对比来看：自动驾驶汽车以每小时60km的速度行驶，如果时延是60ms，车的制动距离大概在1m；如果是10ms的时延，车的制动距离是17cm；如果降低到5G的理论时延1ms，制动距离缩短到只有17mm。

5G的特性，提升了车辆对环境的感知、决策、执行能力，给车联网、自动驾驶应用尤其是涉及车辆安全控制类的应用带来很好的基础条件。

可见5G对于车联网作用巨大，是必不可少的一环。

三、5G车联网的布局

当前，万亿规模的车联网市场成为各行业巨头眼里的“香饽饽”。得益于5G技术领域的领先优势以及庞大的汽车市场规模，我国车联网产业进入快速发展的新阶段，技术创新愈加活跃，新型应用蓬勃发展，产业规模将不断扩大。据预测，到2020年全球V2X市场规模将突破950亿美元，其中，中国V2X市场规模将超300亿美元。

截至目前，我国车联网市场整体开局良好，车联网产业潜力企业主要分布在大型平台式运营服务商、通信设备供应商和汽车生产商。

1.运营商布局

三大运营商纷纷打造“多模通信+人车路协同+车云同步”的云网协同一体化网络。

（1）2018年，中国移动整合成立车联网公司——中移智行网络科技有限公司。

（2）中国电信针对车联网，从智能的通信管道、物云融合能力、内容和应用能力三方面形成车联网构架平台，同时连接全球管理平台，助力车联网服务创新。

（3）2019年4月，中国联通旗下车联网子公司联通智网科技有限公司引入9家战略投资者，其中包含一汽、东风汽车、广汽等多家传统车企。

2.通信设备商布局

作为我国通信设备头部供应商，大唐、中兴等企业强调自身的开放性，不断调整自己在产业链中的位置，巩固在通信领域的传统优势。

比如，华为不造汽车，却立志“车联网要做到世界第一”。2018年，华为发布首款商用C-V2X解决方案RSU（路边单元），明确了华为以网联技术、车联网云平台、计算平台为主的汽车行业布局。2019年4月，其与沃尔沃汽车达成战略合作，将智能车载交互系统中嵌入华为应用商城，为中国用户打造本土化的智能车载应用服务平台。2019年5月，华为正式升级其汽车业务，成立智能汽车解决方案BU，位列一级部门。

3.汽车生产商布局

我国汽车生产商也不放过难得的市场红利期，开展车联网的布局。

比如，东风汽车推出首台融合5G远程驾驶技术的概念车Sharing-VAN，这款车被定义为移动出行服务平台，包含了自动驾驶、5G远程驾驶、调度监控系统等新技术。2019年2月的MWC19上，吉利集团宣布与高通公司和高新兴集团合作，将于2021年发布吉利全球首批支持5G和C-V2X的量产车型。2019年7月3日的百度开发者大会上，吉利宣布将借助百度车联网服务平台优势，针对智能网联、智能驾驶等在汽车、出行领域应用与百度展开全面战略合作。

业内相关专家表示，随着5G和C-V2X技术的深入渗透，我国的车联网产业现有优势将继续保持，车载通信芯片、定位芯片、通信模组等“软肋”也将打开国产化新局面，如高德、四维图新、千寻位置、紫光展锐等先进内容服务企业的市场潜力将进一步释放。

四、5G时代车联网产业化趋势

随着5G时代到来，车联网作为一项重要的新兴产业，在加速发展态势下，到底有哪些具体的产业化趋势呢？具体如图7-2所示。

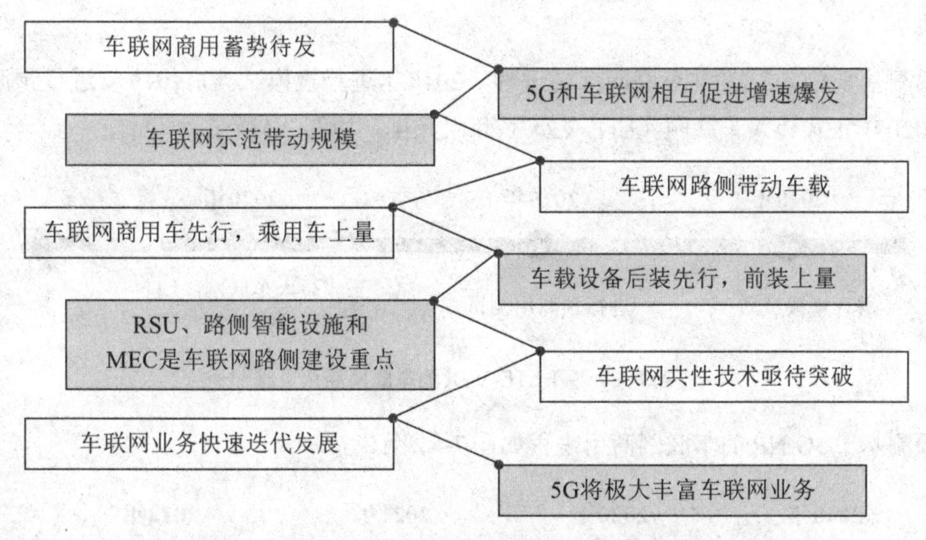

图7-2　5G时代车联网产业化趋势

1.车联网商用蓄势待发

C-V2X遵从3GPP标准，已经完成R14版本LTE-V2X、R15版本LTE-eV2X相关标准化工作，主要包括业务需求、系统架构、空口技术和安全研究四个方面。

其中LTE-eV2X是支持V2X高级业务场景的增强型技术，定义了25个用例共计4大类增强的V2X业务需求，如图7-3所示。

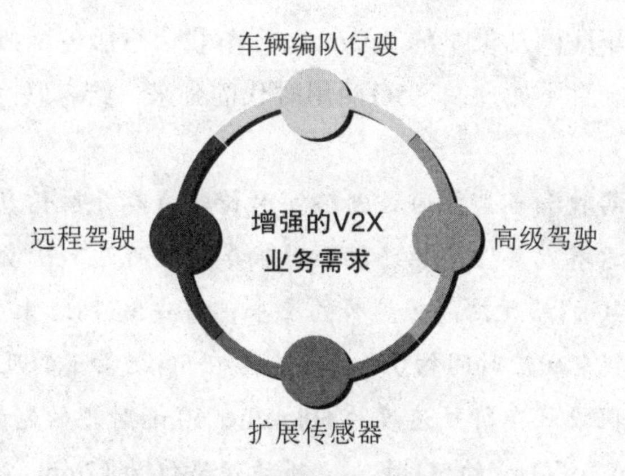

图7-3　增强的V2X业务需求

在LTE-eV2X场景的需求分析中，时延要求最严格的自动驾驶和扩展传感器场景，时延要求最低达到了3ms；带宽需求最大的扩展传感器场景，带宽要求最高达到了1Gbps；全局路况分析场景对服务平台的计算能力提出要求，要能快速对视频、雷达信号等感知内容进行精准分析和处理。

R16中将定义5G NR-V2X版本。随着标准的有序推进，车联网商用进程处于蓄势待发状态。

预测基于LTE-V2X的车联网商用进程：2018年进行规模试验，2019年进行预商用测试，2020年正式迈入车联网（LTE-V2X）商用元年。如图7-4所示。

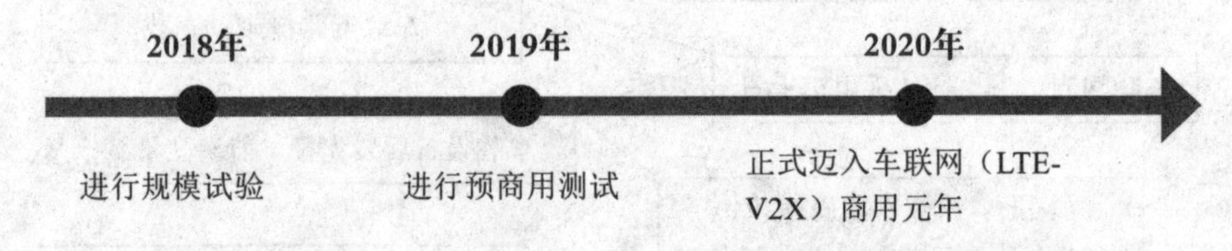

图7-4　基于LTE-V2X的车联网商用进程

预测基于5G NR的车联网商用进程如图7-5所示。

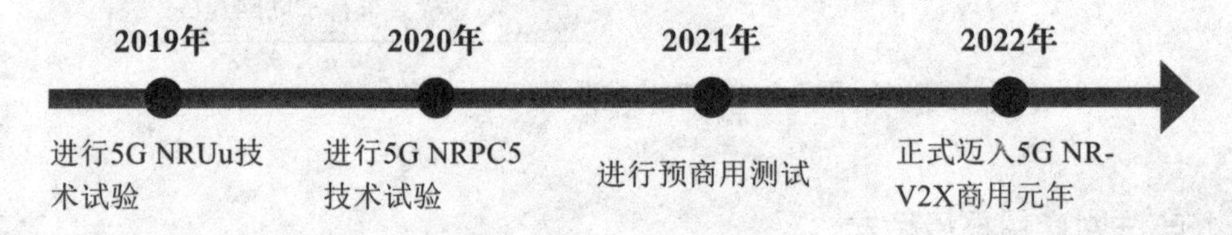

图7-5　基于5G NR的车联网商用进程

2.5G和车联网相互促进增速爆发

一方面，5G产业发展存在诸多挑战，5G产业必须积极探索行业应用市场，其中车联网是最明确清晰的5G行业应用场景。

另一方面，广义车联网从最早的Telematic（车载信息服务）概念提出，已经经历过很多年，但市场发展一直不如预期。5G商用时代的到来，给车联网产业大发展提供了一个良好契机。

比如，未来无人驾驶汽车需要通过网络实时传输汽车导航信息、位置信息以及汽车各个传感器的数据到云端或其他车辆终端，每辆车每秒可达1GB数据量，以便实时掌握车辆运行状态，现有4G网络无法满足这样的要求，需要5G网络来支持。

又如，普通人踩刹车反应时间约0.4s，无人车在5G场景下的反应速度有望不到1ms。对于无人驾驶而言，假设汽车行驶速度为60km/h，60ms时延的制动距离为1m，10ms时延的制动距离为17cm，而1ms的5G时延，制动距离仅为17mm。也就意味着，5G时代才有可能实现基于车联网控制的无人驾驶。

总体来看，5G产业发展需要车联网应用，车联网产业发展需要5G技术支撑，5G产业和车联网产业将相互促进增速爆发。

3.车联网示范带动规模

车联网封闭及开放环境测试是商用的必经之路，为满足智能网联汽车多场景多环境测试需求，中国加快智能网联示范区建设。

据不完全统计，目前全国已经有超过30个智能网联示范区，其中包括上海、北京-河北、重庆、无锡（先导区）、杭州-桐乡、武汉、长春、广州、长沙、成都10个国家级示范区。测试场景也由单一路测环境向多应用场景、多测试环境转变，从示范点、示范区建设向综合性、城市级车联网先导区建设转变。

2019年5月，工信部批复江苏（无锡）车联网先导区，实现规模部署C-V2X网络、路侧单元，装配一定规模的车载终端，完成重点区域交通设施车联网功能改造和核心系统能力提升，丰富车联网应用场景，实现良好的规模应用效果。积极开展相关标准规范和管理规定探索，构建开放融合、创新发展的产业生态，形成可复制、可推广的经验做法。无锡车联网将从240个交叉口扩展到400个交叉口，覆盖面积从170km^{2}扩展到260km^2，在无锡太会展览中心周边规划了6km^{2}核心应用区，进行基于LTE-V2X的辅助驾驶增强场景创新，并实现部分基于5G的自动驾驶应用场景。与此同时，我们可以看到，全国其他多家城市也在积极申报第二批先导区。

除此之外，高速公路是车联网最有可能先行商用落地的场景。2018年2月交通部发布了《关于加快推进新一代国家交通控制网和智慧公路试点的通知》，在北京、河北、广东重点基于高速公路路侧系统智能化升级和营运车辆路运一体化协同，探索路侧智能基站系统应用，选取有代表性的高速公路，以及北京冬奥会、雄安新区项目，开展车路信息交互、风险监测及预警、交通流监测分析等。在江苏、浙江先行研究推进建设面向城市公共交通及复杂交通环境的安全辅助驾驶、车路协同等技术应用的封闭测试区和开放测试区，形成新一代国家交通控制网实体原型系统和应用示范基地。这些示范包括延崇高速、京雄高速、北京新机场高速、虎门二桥、杭绍甬高速等。

城市级车联网示范和先导区建设以及智慧高速车路协同示范建设，都将起到带动车联网规模效应的作用。

4.车联网路侧带动车载

智能网联汽车包括自动驾驶模块（决策层，高精度地图和定位，毫米波雷达、激光雷达、视觉等传感器以及处理器等）、车载终端和通信网络（前装T-BOX和后装OBD等）。

车联网C-V2X场景包括V2V（车-车）、V2I（车-基础设施）、V2P（车-人）、V2N（车-网）。除了“车”必须具备联网能力外（即车的“渗透率”）,路上是否部署了“网”也是车联网发展的关键要素（即网的“覆盖率”）。

车的“渗透率”和网的“覆盖率”决定了车联网的商用速度，对整体商用节奏预测如下。

（1）在商用车型如出租车、公交车、物流重卡、矿卡、港口车辆等和部分乘用车型，部署C-V2X车载终端，实现V2V（车-车）业务场景。如前向碰撞预警、盲区预警/变道辅助、车辆编队行驶等。

（2）在高速路侧和城市路侧部署C-V2X和5G网络，实现V2I（车-基础设施）业务场景，如闯红灯预警、绿波车速引导等。

（3）随着网的覆盖率达到一定程度，将带动车载终端安装渗透率提升。

（4）当车载安装渗透率达到30%临界值的时候，又会进一步拉动网的部署。

微视角

车的“渗透率”和网的“覆盖率”二者相辅相成，共同推动车联网商用。

5.车联网商用车先行，乘用车上量

在商用车型如出租车、公交车、物流卡车、矿卡、港口车辆等，会优先于乘用车部署C-V2X车载终端，因为这些类型的商用车型，相对来说具有较为清晰的商业模式。

以物流行业为例，在中国物流成本占GDP的14.5%，每年物流费用12万亿元，其中公路运输占76%。这里面包括1400万辆主要活跃在中远途运输以及城际运输的货运卡车和近3000万辆主要活跃在城市内运输、快递外卖配送场景的面包车、三轮车以及两轮的电动车、摩托车。

4400万辆交通工具背后，是数字更大的司机群（物流行业通常人停车不停，尤其中大型卡车会一车配多名驾驶员），总额高昂的人力成本，为物流行业引入自动驾驶和车联网提供了最基本的驱动力。

比如，卡车编队行驶中，以排头的卡车作为头车，跟随卡车群通过V2V实时连接，根据头车操作而变化驾驶策略，整个车队以极小车距编队行驶。头车做出刹车指令后，通过V2V实现前后车之间瞬时反应，后车甚至可以在前车开始减速前就自动启动制动，这种瞬时反应意味着卡车可以以非常小的距离安全跟随。

6.车载设备后装先行，前装上量

2019年4月15日，广汽、上汽、东风、长安、一汽、北汽、江淮、长城、东南、众泰、江铃集团新能源、比亚迪、宇通13家车企共同宣布支持C-V2X商用路标，并规划于

2020年下半年到2021年上半年实现C-V2X技术支持汽车的规模化量产。这次13家企业共同发声，体现出C-V2X价值得到车企的广泛认同，也标志着智慧交通从单点突破走向系统和生态合作协同创新的新阶段。

在迎来量产C-V2X前装车型前，预测C-V2X将先以后装形式发展，比如集成C-V2X功能的智能后视镜产品、行车记录仪、OBD等。

7.RSU、路侧智能设施和MEC是车联网路侧建设重点

车联网路侧建设重点包括RSU（Road Side Unit，直译就是路侧单元，是ETC系统中，安装在路侧，采用DSRC技术与车载单元进行通信，实现车辆身份识别、电子扣分的装置）、路侧智能设施（包括摄像头、毫米波雷达、少量激光雷达、环境感知设备以及智能红绿灯、智能化标志标识等）、MEC（多接入边缘计算/移动边缘计算）设备。

以RSU为例，全国部署下来保守预测需要3000多亿元的投资，包括400多万公里的道路+14万公里的高速+50多万个城市路口。

从部署的节奏看，预测未来2～3年将以LTE-V2X（PC5）+5G NR（Uu）这样的网络部署为主，即点对点（V2I）通过LTE-V2X支撑，蜂窝（V2N）通过5G NR或者已有的LTE4G蜂窝网络支撑。

MEC将与C-V2X深度融合，车联网移动边缘计算设备是MEC在众多行业领域优先落地商用的场景。

（1）依据是否需要路侧协同以及车辆协同，将MEC与C-V2X融合场景可分为图7-6所示的四大类。

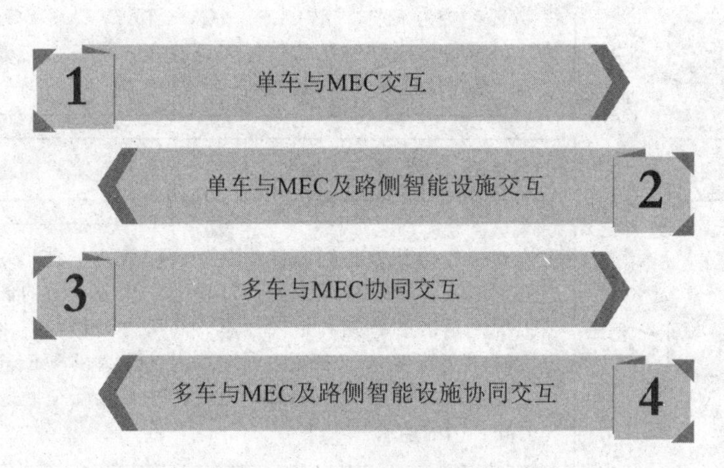

图7-6　MEC与C-V2X融合场景的分类

（2）无须路侧协同的C-V2X应用可以直接通过MEC平台为车辆或行人提供低时延、高性能服务；当路侧部署了能接入MEC平台的路侧雷达、摄像头、智能红绿灯、智能化标志标识等智能设施时，相应的C-V2X应用可以借助路侧感知或采集的数据为车辆或行

人提供更全面的信息服务。

（3）在没有车辆协同时，单个车辆可以直接从MEC平台上部署的相应C-V2X应用获取服务；在多个车辆同时接入MEC平台时，相应的C-V2X应用可以基于多个车辆的状态信息，提供智能协同的信息服务。

8.车联网共性技术亟待突破

自动驾驶从仅仅依靠聪明的车本身向车路协同自动驾驶发展，这是因为单车智能本身存在不可解决的场景。

比如，前方大车遮挡红绿灯、大车遮挡鬼探头、前方几公里外交通事故预知等。

针对以上问题，可以依靠车路协同提供的“上帝视角”来解决这些问题。同时，车路协同将有效降低实现L4/L5自动驾驶的汽车端成本压力，可以省掉激光雷达或者大幅度降低激光雷达规格以及高精地图采集成本。

而未来车联网不仅只是实现车路协同，而将实现“人—车—路—网—云”多维高度协同。如图7-7所示。

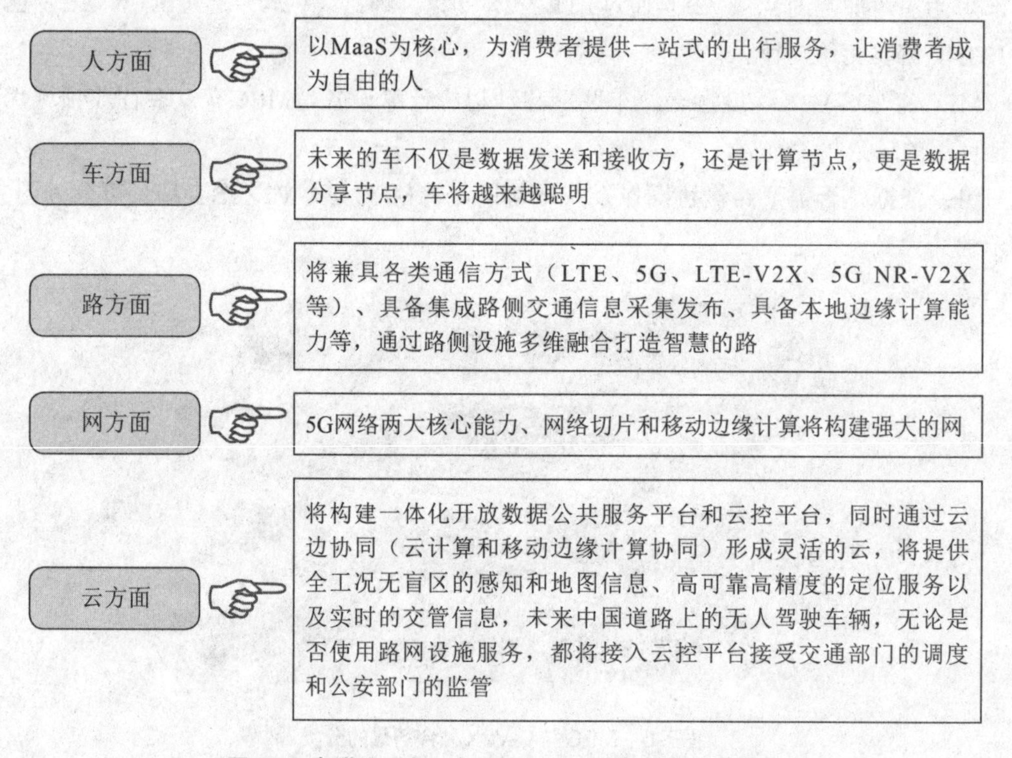

图7-7　车联网“人—车—路—网—云”多维高度协同

打造自由的人、聪明的车、智慧的路、强大的网、灵活的云，需要依托于车联网共性技术的突破，这其中包括智能网联汽车信息物理系统、行驶环境融合感知、智能网联决策和控制、自动驾驶系统安全、多模式数据（高精度地图数据、道路交通数据、驾驶数据等）等各类共性技术。

9.车联网业务快速迭代发展

车联网业务开始主要提供信息娱乐服务，后来发展共享出行业务、基于用户行为的车辆保险（UBI）业务以及面向B端的车队管理业务等。当前又将回归到出行需求上，为消费者解决安全问题和效率问题。

（1）安全出行类业务涵盖图7-8所示的内容。

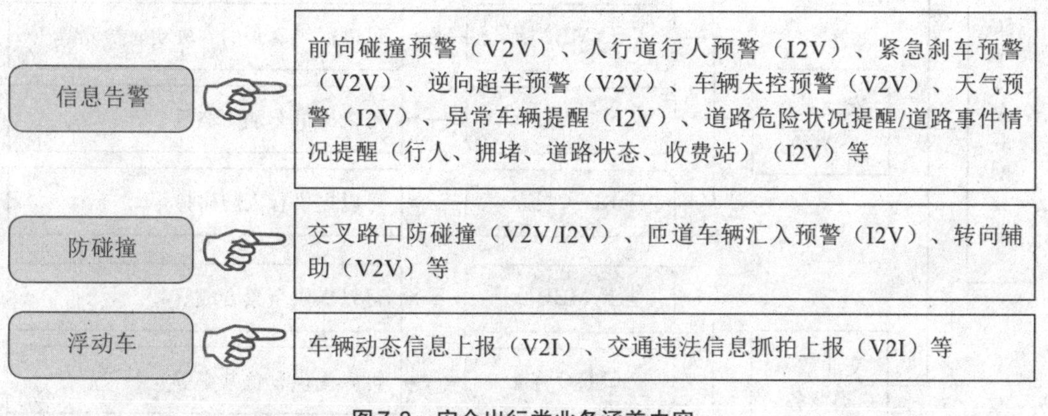

图7-8　安全出行类业务涵盖内容

（2）交通效率类业务涵盖图7-9所示的内容。

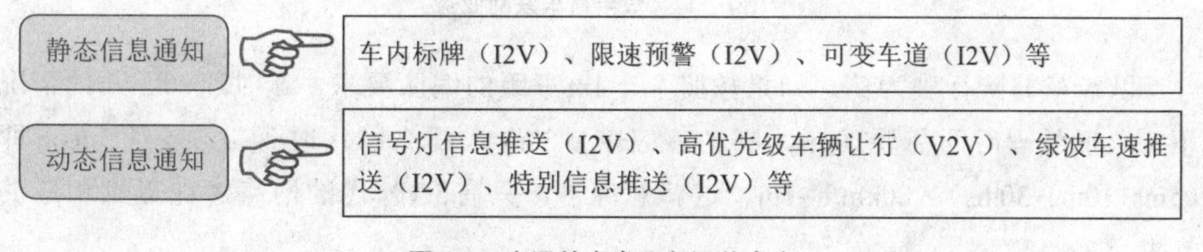

图7-9　交通效率类业务涵盖内容

未来，车联网将赋能自动驾驶，实现图7-10所示的功能。

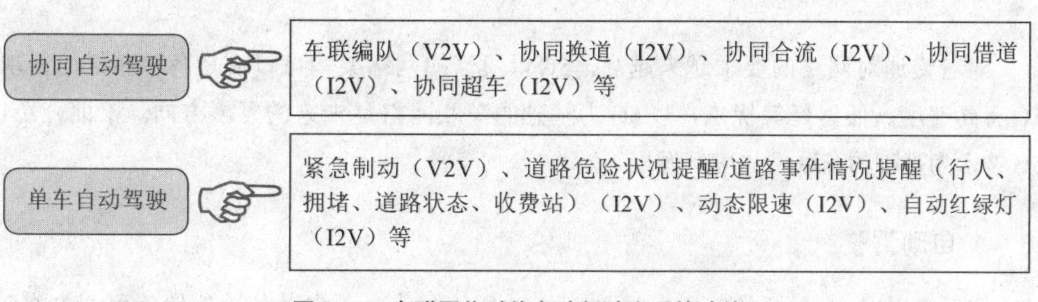

图7-10　车联网将赋能自动驾驶实现的功能

10.5G将极大丰富车联网业务

5G将丰富车联网的信息服务、安全出行和交通效率等各类业务，如图7-11所示。

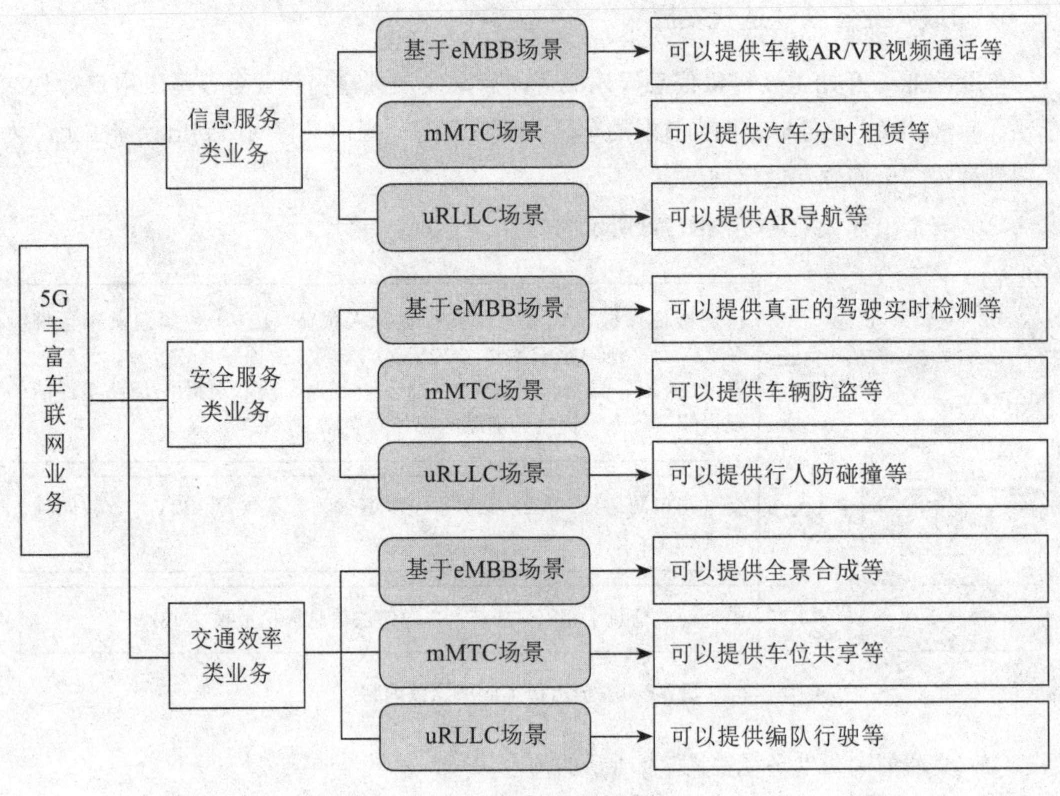

图7-11　5G丰富车联网业务

以卡车编队行驶为例，如果按照卡车1m车距的编队要求，在时速80km/h的情况下，车辆处理时间需要10ms，制动感应需要30ms，那么网络时延必须小于5ms，即（5ms+10ms+30ms）×80km/h=1m。这就意味着，只有5G时代的网络才能提供相应的支撑。

五、5G与车联网应用场景

随着交通对网络的要求越来越高，5G以灵活的网络架构可以满足各种各样的需求。5G有高速度、低迟延等优点，以5G为基础的车联网将是未来的发展方向。下面介绍以5G技术为基础的车联网的应用发展。

1. 自动驾驶

自动驾驶是5G重要的应用场景之一。5G网络技术之于自动驾驶就像鱼和水的关系，相比4G网络，5G有着大带宽、低时延、广连接的优势，这就为自动驾驶的发展装上了加速器。如图7-12所示。

图7-12 5G自动驾驶场景截图

（1）自动驾驶除了车身具备的各种感知设备（雷达、摄像头、IMU、GPS等）以外，也需要依赖真实行车环境中的各种V2X设施。国内的道路环境异常复杂，雷达、摄像头和激光雷达等本地传感系统受限于视距、环境等因素影响，为了更高的行车安全性，自动驾驶需要弥补本地传感器所欠缺的感知能力，完善了车身感知设备所不能探测的各种实时道路情况，将来的交通灯、基站甚至行人都是车联网V2X的一员，整个城市的街道和车辆都会被编织成一张数字地图，让自动驾驶算法的决策更加科学和智能。

从人工智能的角度来看，机器无法完全替代人类的决策，在一些偶发的复杂场景需要人类参与决策，即“man in the loop”。但是对于自动驾驶车辆来讲，车内的乘员可能并不会驾驶汽车，也无法参加决策。有了5G技术，我们就可以让远端服务中心的人员参与到决策中来。

比如，在一些特殊的场景，机器无法完成驾驶而造成脱离（Disgagement），就像今天车辆发生故障时我们呼叫救援中心一样，车辆可以利用5G网络呼叫远端的服务中心，利用5G的低时延大带宽，将现场的实时图像和传感器信息传送给服务中心的专业人员，由专业人员在虚拟现实的场景下，远端控制车辆驶离复杂路况，直到驾驶系统能够再次接管车辆。

（2）利用5G技术低时延、高可靠、高速率和大容量的能力，车联网不仅可以帮助车辆间进行位置、速度、行驶方向和行驶意图的沟通，更可以利用路边设施辅助车辆对环境进行感知。

比如，车辆利用自身的摄像头可能无法保证对交通信号灯进行准确的判断，进而可能会发生闯红灯的违章行为，但是利用车联网的V2I技术，交通信号灯把灯光信号以无线信号的方式发给周边的车辆，确保自动驾驶汽车准确了解交通信号灯的状态。不仅如此，交通信号灯还可以广播下次信号改变的时间，甚至其他相邻路口未来一段时间内的信号状态，自动驾驶车辆可以据此精确地优化行进速度和路线，选择一条红灯最少、行驶最快的路线，既优化了交通，又可以减少碳排放。

又如，交叉路口的通行优化和横穿行人告警。现在道路上经常发生横穿路口的行人/自行车与车辆间的碰撞事故，尤其是左转车辆，由于视线受阻，司机和车载传感器经常无法观察到路口内横穿的行人，一个解决办法就是通过在路口上安装雷达和摄像机对路口内行人进行监视，如果检测到斑马线上和路口内有行人，并且行人在车辆的行进路线上，路边设施（RSU）可以将检测到的情况即时通知即将转弯或直行的车辆注意避让，以规避事故的发生。

（3）5G技术不仅可以提高自动驾驶车辆的环境感知能力，还可以利用车辆间的无线连接，让多个车辆进行协作式决策，合理规划行动方案。

比如，在高速公路内侧车道上的车辆，在其需要驶离高速公路时，可以通过车车通信与周边车辆协商，要求周边车辆避让，以便其能够向外侧车道变线并驶离高速。

（4）现阶段的自动驾驶技术所依赖的自身的感知设备往往是非常昂贵的，而且技术变革很快，但汽车本身的硬件升级不太容易，这很容易导致当前的汽车感知设备很快落伍。而5G物联网普及之后，街上的路灯、广告牌、行人身上的手机、手表等都可以助力自动驾驶，从汽车的第一人称视角，转化成第三人称视角，达到旁观者清的效果，而且这些设备成本更低，技术迭代更快，可以为自动驾驶的落地提供有效的基础设施能力支持。

微视角

5G和车联网技术是自动驾驶所必需的技术保障。通过选择“智能的车+智慧的路”这一正确的技术路线，充分发挥5G的技术优势，5G技术将在自动驾驶领域发挥其巨大作用。

5G自动驾驶在多个城市“发芽”

从2017年5G首次写入政府工作报告后，全国很多城市开始部署5G试点，北京、上海、深圳、天津等10个城市更是在5G自动驾驶应用方面走在前列。

2018年3月，中国移动在雄安新区完成首次5G-V2X自动远程驾驶启动及行驶测试，实现了通过5G网络技术远程操控在20km之外的车辆。

2018年9月，北京市房山区政府宣布，与中国移动联手在北京高端制造业基地打造国内第一个5G自动驾驶示范区。

2018年9月，厦门面向5G的车联网BRT示范应用项目正式发布，成为全国首个面向5G的商用级智能网联应用城市。

2018年11月，上海临港智能网联技术研究中心有限公司与中国联通正式签署了战略合作协议，联通5G信号将全面覆盖上海临港自动驾驶基地。

2018年11月，中国电信透露，深圳已经启动了基于5G的自动驾驶业务试验，现阶段可实现无人巴士多路高清视频通过5G网络实时回传。

2019年1月，天津移动联合华为公司在西青区王稳庄开通了5G基站，实现了西青区智能网联汽车道路测试区津淄公路部分路段的5G网络覆盖。

2019年1月，国内首个5G自动驾驶应用示范公共服务平台建设在重庆市两江新区正式启动，计划年内实现基于5G的自动驾驶示范应用落地。

2019年1月，济南市5G通信智能网联汽车测试道路正式启用，可满足有条件自动驾驶（L3级）、高度自动驾驶（L4级）和完全自动驾驶（L5级）的测试与驾驶需求。

2019年2月，武汉开发区与湖北移动正式签署共建新能源与智能汽车基地协议，将打造全国首家5G全场景智能网联汽车试车场。

2019年5月，长沙公共资源交易中心发布“开放道路智能化改造项目技术要求研究与可研及设计”招标公告。该项目如顺利完成，全国首条长达100公里的5G智能化开放道路将落户长沙。

2.远程驾驶

5G技术可实现远程驾驶控制。真实驾驶员坐在模拟舱室就可看到车辆正前方、左侧和右侧后的实时视野，同时可在屏幕上看到油耗、档位、转速等实时数据，这些信息都是被操控车辆通过5G网络实时回传直播，驾驶员再通过5G网络将转向、制动和加油三个信号传递到被操控车辆上，从而实现远程操控。5G远程驾驶操作现场演示如图7-13所示。

自动远程驾驶在未来具有广泛的应用场景，尤其在恶劣环境和危险区域，如无人区、矿区、垃圾运送区域等人员无法达到的区域，将极大提升操作效率并节省人力。同时，

图7-13 5G远程驾驶操作现场演示

自动远程驾驶还可作为自动驾驶的补充，在自动驾驶商用初期采用远程控制模式，一人远程控制多辆自动驾驶汽车，或在自动驾驶汽车出现异常时远程进行人工干预。

5G网络的低时延、大带宽是实现远程高精度控制和高可靠性自动驾驶的重要保障。

3. 编队行驶

编队行驶主要是指卡车编队行驶。所谓卡车编队行驶，即通过V2V车联网和自动驾驶技术，将两辆及以上的卡车连接起来，以极小的车距尾随行驶的编队自动行驶状态。排头的卡车作为头车，跟随的卡车通过无线网络信号实时根据头车的变化而变化，整个车队就像是通过无线信号连接起来的火车。如图7-14所示。

图7-14 卡车编队行驶示意

编队行驶状态下，车辆与云端服务器、车辆与车辆之间实时产生大量数据传输与交互（如导航信息、位置信息、道路状况、其他车辆行驶状况等），并且因为编队行驶状态下车间距很小，对数据交互的响应要求也极高，当前的LTE-V2X和DSRC等通信技术均无法满足。而在5G网络环境下，毫秒级的网络传输时延、10~20Gbit/s的峰值速率、100万个/km^2的连接数密度，将能够满足自动驾驶及车联网的严苛通信需求。

早在2017年，华为先后联合德国航天中心、中国移动、上汽集团、沃达丰成功完成5G环境下的自动驾驶、远程驾驶测试，证明5G V2X超低时延超高可靠连接可以避免车辆之间发生碰撞。

4.救援系统

车辆上装有操作系统和定位系统，如果发生了紧急的事故可以通过车载系统进行传递消息。消息通过云终端发送到救援中心，救援中心可以快速定位以及对周围路况进行分析，然后通知附近的车辆，防止其他车辆进入事故区，使救援人员更精准、更快速地进行救援，降低事故造成的损失。

5.交通管理

通过收集车辆、路况和天气等信息，通过网络传递给车辆，可以使车辆能了解这段时间的路况以及各个路段的状况。通过5G网络快速的传输速度，可以实时报告路况，各个道路上的收费站、监控等系统可以智能运行，有效地加快行驶效率并对犯罪追踪和预防暴力有很好的预防作用。

6.车载系统

车载系统是车联网方向重要的终端，它能使用户更直接快捷地获取信息以及进行交互。在车载系统上可以安装实用的移动应用，以便更快捷地处理问题。移动应用不仅能快速地收集信息还能把当前的状态通过网络进行传递。在5G网络的支持下，车辆可以通过移动应用进行更快捷的操作，用户能在车上享受各种的应用，使旅途不那么枯燥。开发商可以根据用户需求开发更多的应用，丰富车上生活。在安全方面，更有针对性的应用可以更有效地控制车辆，使车辆更安全和稳定地行驶，保证车辆和交通的安全性。

【案例一】▸▸▸

北京房山打造国内首个5G自动驾驶示范区

2018年9月19日，国内第一届5G自动驾驶峰会在北京高端制造业基地举行。峰会上，北京市房山区人民政府与中国移动联手，在北京高端制造业基地打造国内第一个5G自动驾驶示范区，首期车辆测试道路于9月19日正式对外开放。

作为京保石发展轴的重要节点，房山区政府按照北京市新总规赋予房山“三区一节点”的功能定位，紧密围绕首都10大高精尖产业发展指导意见，明确高精尖产业的“2+2+1”发展方向，携手中国移动打造了国内首个5G自动驾驶示范区，共同建设了中国第一条5G全覆盖的自动驾驶车辆测试道路，将5G前沿通信技术应用于产业发展。下图所示为参加峰会的无人驾驶车辆在路上行驶。

参加峰会的无人驾驶车辆在路上行驶

此次5G自动驾驶示范区开放测试道路首期路长为2.2公里，可满足科技创新企业所需的高速边缘计算平台、高精度定位等研发和测试要求，可提供5G智能化汽车试验场环境，为自动驾驶汽车研发、生产企业提供模拟测试、封闭道路测试、开放道路测试下的近千种场景测试，还可提供智能汽车软件检测，雷达、摄像头等智能传感设备检测，整车检测等服务。目前，该示范区已经聚集了长安汽车、驭势科技、奥特贝睿、京西重工、海博思创、卫蓝新能源等一批优质的高精尖项目，具备了良好的产业基础。

未来，房山区将紧紧围绕“科技创新中心”的战略定位，加快构建首都“高精尖”经济结构，运用5G网络，推动首都科技产业高质量发展，努力打造自动驾驶、健康医疗、工业互联网、智慧城市、超高清视频等“五”个5G典型场景的示范应用，并将5G向民生服务、先进制造、城市管理等应用领域延伸。

【案例二】

国内首个自动驾驶5G车联网示范岛开建

2019年7月14日，在黄埔区5G车联网（智能网联汽车）产业创新发展论坛上，广州市黄埔区、广州开发区与广州市公共交通集团有限公司、工业和信息化部电子第五研究所签署战略合作框架协议，共建5G车联网（智能网联汽车）先导区。

论坛还举行了广州市5G自动驾驶应用示范岛签约和“黄埔区车联网（智能网联汽车）产业基地”揭牌活动，正式启动“全国首个自动驾驶综合应用示范岛”建设，正式启动广州国际生物岛1条自动驾驶公交应用示范线、5台自动驾驶出租应用示范车辆，标志着该区正式迈入自动驾驶MaaS综合应用新时代。

据广州市公共交通集团有限公司大数据总监谢振东透露，广州公交集团联合广州联通、华为、文远知行、深兰科技、金溢科技、信投和工信部五所，在广州生物岛共同组织建设并开展了自动驾驶MaaS应用试点和5G V2X车路协同的试点工作。目前广州联通已完成了岛上全部12个5G宏基站的部署，广州公交集团已与公安交警对接了信号灯车路协同的技术方案。

据悉，广州市黄埔区、广州开发区加快“5G商用步伐”这一关键环节，争创粤港澳大湾区5G第一示范区，开通了全球第一条公交5G运营线路，打造了全国第一个5G智慧停车场、第一个5G自动驾驶测试场。截至2019年6月，该区已建成5G基站超500座，2019年底，全区5G基站将达到5000座。

【案例三】

AutoX发布5G智能网联系统

2019年6月，AutoX重磅发布了以第五代无线通信技术为依托的智能网联系统，宣告中国无人驾驶正式进入车路协同时代。其5G智能网联系统包括5G感知系统xRoad、远程监控系统xMonitor及三维高精度地图自动更新系统xMap。

AutoX此次发布的xRoad、xMonitor和xMap系统还只是5G技术在无人驾驶领域的基础驾驶方面的应用。随着无人驾驶商业落地的进展加速，5G技术在车内空间商用开发等应用层面还有巨大的商业前景。

2019年5月，AutoX已正式牵手中国联通，双方合作开展5G技术在自动驾驶领域的落地应用，并将在“特区中的特区”深圳前海蛇口自贸区打造中国首个自动驾驶智慧城市。目前蛇口自贸区已实现5G基站全区覆盖，5G商用牌照发出后，双方的合作将进入实质推进阶段。

1.5G感知系统xRoad带来“上帝视角”

高级别的自动驾驶依赖于对周边驾驶环境高精度的实时感知。如果将无人驾驶系统使用的各种传感器比作车辆的“千里眼”和“顺风耳”，那么xRoad的加入则是名副其实地为AutoX无人驾驶车辆装上了“上帝视角”，彻底打破车载传感器感知范围的限制，使每辆AutoX无人车都具备对全场路况细节的实时感知能力。

xRoad系统的主要硬件载体为安装在路面周边的感知基站。感知基站体积小巧，可以利用现有移动通信基站、交通信号灯、天网、路灯等载体进行安装，并对周边路况细节进行实时高精度感知。地面xRoad基站收集的感知信息将通过高带宽的5G网络与车载单元OBU系统沟通，使车辆具备对xRoad基站网络中任意一点的实时感知能力。

除了网络效应带来的超远距离感知预测能力之外，xRoad系统的感知基站还具备许多独特优势可与车载感知系统进行有效互补。例如，xRoad感知基站由于没有架设高度限制，具备位置高、视野广的特点，可有效避免遮挡，与车载感知系统形成高度冗余。

此外，xRoad系统布设的角度和密度可以根据地面情况进行有针对性的设计和调整，对情况复杂、拥堵频发等重点区域进行重点处理。如下图所示为依托现有路边设施搭建的上帝视角路况情报感知系统xRoad。

依托现有路边设施搭建的上帝视角路况情报感知系统xRoad

2.5G远程监管与突发监控系统xMonitor

无人驾驶技术的应用在带来便利的同时，也可能给城市管理、警方执法等方面带来新的维度，其中对车辆的远程监视、安防保障等需求是无人驾驶规模化落地前需要率先解决的问题。AutoX COO李卓博士表示："5G技术对自动驾驶行业的安全监控能力起决定性作用。"

随着5G技术正式商用，AutoX此次推出了基于5G通信技术的无人车远程监管与突发监控系统xMonitor，为无人驾驶时代的城市管理和执法提供基础设施保障。

xMonitor除了可以实现车辆行驶和车内监控数据的完整实时回传，还可通过回传数据对车辆行驶场景和状态进行保真重建，以及在必要时对车辆进行远程接管，以满足执法部门对交通控制、事故处理、安防监控等方面的需求。

3.5G三维高精度地图自动更新系统xMap

三维高精度地图是实现高级别自动驾驶的关键环节。由于高精度地图囊括了地面标线等可能因为修路而变化的细节，因此在传统情况下需要经常进行人工更新以满足车辆的自动驾驶需求。

AutoX此次发布了基于5G技术的三维高精地图自动更新系统xMap，该系统可利用车辆和地面感知基站实时回传的环境数据，对系统引用的高精度地图进行实时更新，进一步提升无人驾驶系统的可靠性和安全性，同时大幅降低地图维护的人力和经济成本。

08

第八章 5G与联网无人机

导言

无人机作为一种新型的科技产品，在我们生活中的用途越来越多，从最开始娱乐性的飞行表演到航拍、物流、巡检等各个领域都可以看见无人机的身影。如今，无人机行业发展迅速，使其对于移动通信网络的需求越来越旺盛。正因如此，很多人预测无人机将是5G网络最先商用的几大行业之一。

一、联网无人机的概念

无人机，其实就是无人驾驶飞行器（UAV，Unmanned Aerial Vehicle）的简称。更准确地来说，无人机就是一种利用无线遥控或程序控制来执行特定航空任务的飞行器。它和常规飞机最大的区别，当然就是飞行器上面是否搭载了人员。

联网无人机其实就是利用蜂窝通信网络连接和控制无人机。更简单来说，就是利用基站来联网无人机。如图8-1所示。

图8-1 无人机+蜂窝通信基站

二、5G网络赋能无人机

基于新一代蜂窝移动通信网络5G网联无人机，能实现设备的监视和管理、航线的规范、效率的提升，5G网联无人机的作用体现在实时超高清图传、远程低时延控制和全天候在线的重要能力，这将形成一个数以千万计的无人机智能网络，7×24小时不间断地提供航拍、巡查、应急等各种各样的工业级服务，构成全新的“网联天空”。

1.在减低信号干扰方面

5G可采用铺设大规模天线较窄波束对准服务用户，进而减低小区内或小区间的干扰；也可以采用协同传输的方式，以协调时、频、空、码、功率的资源；更可以不同带宽的分频接入，使得地面和空间采用不同的网络，从而减少干扰。

2.在无人机下行容量方面

如今的低空无人机或许对于下行容量的要求不高，一旦无人机数量增多，地面终端业务负载过大，便会出现下行容量受限的问题。针对下行容量问题，5G基站的大规模天线能力可以增加水平和垂直发射通道数，使得水平垂直面的波束更加准确地指向目标用户。如此一来，更窄的波束能够有利于控制干扰，提升用户的信噪比，同时可以实现更多用户的空分复用，提高下行容量。

3.在时延性方面

无人机的控制与指挥需要低时延，同时高清视频的回传更需要降低时延。而5G的新空口可以根据不同的业务时延需求进行调度，投入前置导频、迷你时隙、灵活帧结构、上行免调度设计实现低时延传输。针对数据业务，可以使用自包含子帧结构、传输和反馈可以在一个时隙内完成，可以降低时延。

5G网络在时延性、抗干扰性、下行容量等方面的特点可以缓解无人机在4G网络时代的尴尬，而且5G网络可以满足无人机在绝大多数的应用场景的通信需求，将会给产业界带来近10倍的商业机会。

微视角

有了稳定的网络，将会更好地发挥无人机响应速度快、观察视角好、覆盖面广等优点，从而为各个行业提供更为优质的服务，进而做到提效降能。

三、5G联网无人机的价值

无人机的价值在于形成空中平台，结合其他部件扩展应用，替代人类完成空中作业。目前以消费类无人机占据更多的市场份额，但行业无人机也正在被看好。2018世界无人机大会预测，未来5年，全球行业无人机将保持迅猛发展，到2022年市场总值将达到150亿美元，为2016年的近12倍；其出货量将突破62万架，是2016年的6倍。

接入低空移动通信网络的网联无人机，可以实现设备的监视和管理、航线的规范、效率的提升，促进空域的合理利用，从而极大延展无人机的应用领域，产生巨大经济价值。

比如，在物流运输行业，中国快递件全年约是507亿件，其中80%的快递重量小于2.27kg，30%的快递可以由小型的5G无人机配送；在农林植保，5G无人机拥有庞大的市场空间；在航拍娱乐方面，该市场空间可以有300亿元；在警用安防和电力巡检方面，如今中国输电线路达到159万千米以上,5G无人机巡检可以带来达到58.45亿元的市场规模。

四、5G与联网无人机的应用场景

5G具备的超高带宽、低时延、高可靠、广覆盖、大连接特性，与网络切片、边缘计算能力结合，将进一步拓展无人机的应用场景，使之能实现低空数字化经济。在国内，无人机结合5G的试点应用已经悄然起步。

1.VR直播

在过去五年中，VR业内公司一直在尝试VR直播在综艺娱乐和体育直播的落地应用可行方案，但因4G网络环境的带宽限制无法满足高清VR视频的传输，即使用于内容采集的VR摄像机拥有超清VR视频采集和直播能力的情况下，用户终端的观看体验仍然欠佳，导致VR直播应用发展缓慢。随着5G时代的来临，这一现状将彻底改变，5G网络可实现上行单用户体验速率100Mbps以上，空口时延10ms，将使得VR直播更加流畅、更加清晰，用户体验更优。

无人机通过挂载在无人机机体上的360°全景相机进行视频拍摄，全景相机通过连入5G网络的CPE将4K全景视频通过上行链路传输到流媒体服务器中，用户再通过VR眼镜、PC从该服务器拉流观看。图8-2所示为基于5G的无人机VR直播组网图。

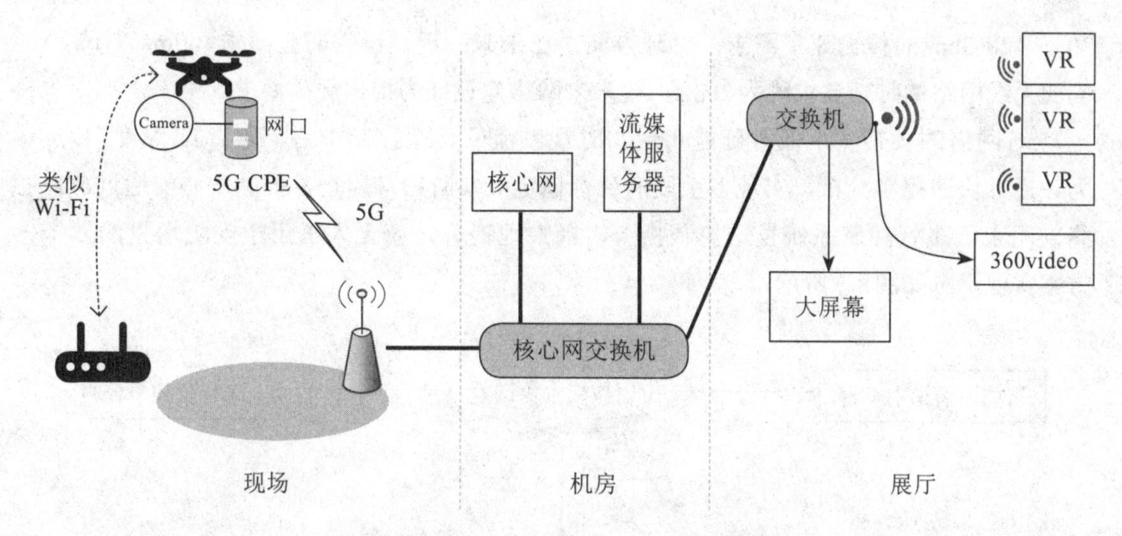

图8-2 基于5G的无人机VR直播组网图

资讯平台

2017年10月，中兴通讯携手Wind Tre & Open Fiber在意大利建设欧洲第一张5G预商用网络，迈出欧洲5G商用重要的一步。

2018年11月，中兴通讯在意大利拉奎拉举办的全球无线用户大会暨5G峰会上，携手意大利第一大移动运营商Wind Tre演示基于5G网络的无人机高清直播和360° 全景VR直播，展示5G业务应用创新。

本次演示采用中兴通讯面向商用的超带宽、低时延5G移动系统，同时进行无人机高清直播和360° 全景VR直播。无人机和360° 全景摄像头通过5G网络将拍摄到的4K全景视频画面传输到云端服务器，再通过5G网络传输给多位终端用户。用户可以通过大屏幕欣赏到无人机在空中俯瞰的风景；也可以通过VR眼镜进行360° 全景沉浸式体验。5G网络具有超高可靠性、超低时延、超大宽带等特性，将会为创新应用的孵化和拓展保驾护航。

2.城市、园区安防

在安防场景中，需要无人机实现高清视频实时传输、远程控制等功能，这些功能都需要通过网络连接来支撑。具体来说，无人机安防监控的典型网络需求包括：实时视频传输（多路）、飞行状态监控、远程操控以及网络定位。

在传输速率方面，当前安防业务通常使用1080P视频实时传输，随着安防业务对视频清晰度要求的逐渐提升，需要实现4K、8K高清视频的实时传输，对5G网络提出上行

30 ~ 120Mbps的传输速率需求；时延方面，在未来，远程操控时延要求100ms以下，对应的无线网络侧时延要求约为20ms，对未来网络建设能力提出更高要求。

5G网络的大带宽、低时延能实现实时视频流回传至控制中心，融合AI深度学习能力，进行快速视频分析，实现多手段的目标锁定及实时跟踪监控，控制中心能通过5G网络向无人机飞行控制系统发送控制指令，极大地提升传统无人机用于安防场景的效率。方案实现示意如图8-3所示。

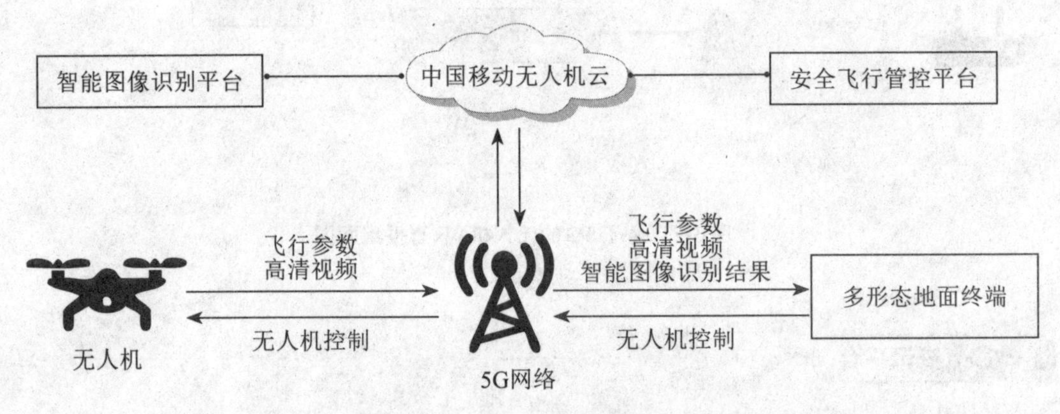

图8-3　基于5G的无人机城市安防系统方案实现示意

无人机与5G结合可实现多种功能，达到全方位无死角的安防布控，具体如图8-4所示。

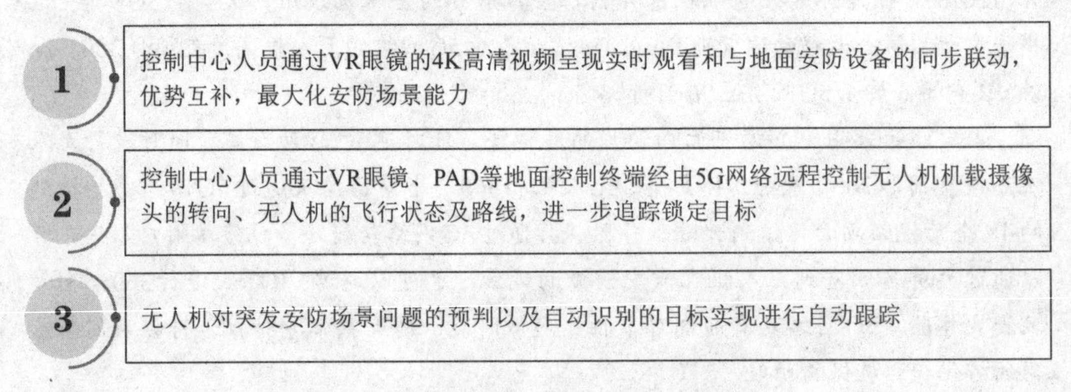

图8-4　无人机与5G结合的安防布控功能

通过智能无人机飞行平台以及5G蜂窝网络能力的有效引入，促进了传统安防产业向天地一体化协同作战的方向转型，以及多场景安防能力的智慧升级，必将作为一种新型的安防解决方案模式得到更加广泛的应用，从而促进传统安防服务商的智慧升级，带动整个产业的发展。

3.高清直播

高清直播系统要求空对地通信带宽不低于50Mbps，屏到屏业务时延不超过60ms，每路地对空通信带宽不低于1Mbps，控制业务时延不超过20ms。借助于5G网络的低时延大带宽的eMBB业务和超低时延超高可靠性的URLLC业务，可以实现更优质的用户体验。图8-5所示为基于5G的无人机高清直播示意图。

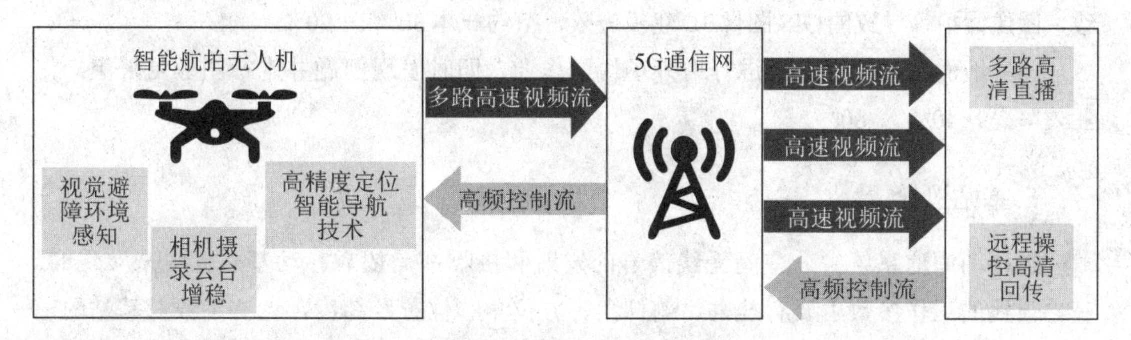

图8-5　基于5G的无人机高清直播示意

4. 电力巡检

电力设备中输电线路一般位于崇山峻岭、无人区居多，人工巡视检查设备的缺陷是效率较低，因蛇、虫、蚁等小动物咬伤员工的事件也屡见不鲜；另外，输电铁塔、导线、绝缘子等设备位处高空，应用无人机巡查，既能避免高空爬塔作业的安全风险，亦可以360° 全视角查看设备细节情况，提高巡视质量。而当前的4G网络只能支持1K的图传，对于某些细节检查，视频和图片的清晰度明显不足，而5G网络可实现上行单用户体验速率100Mbps以上，空口时延10ms，将使得实时视频更加流畅、更加清晰，巡查效果更优。如图8-6所示。

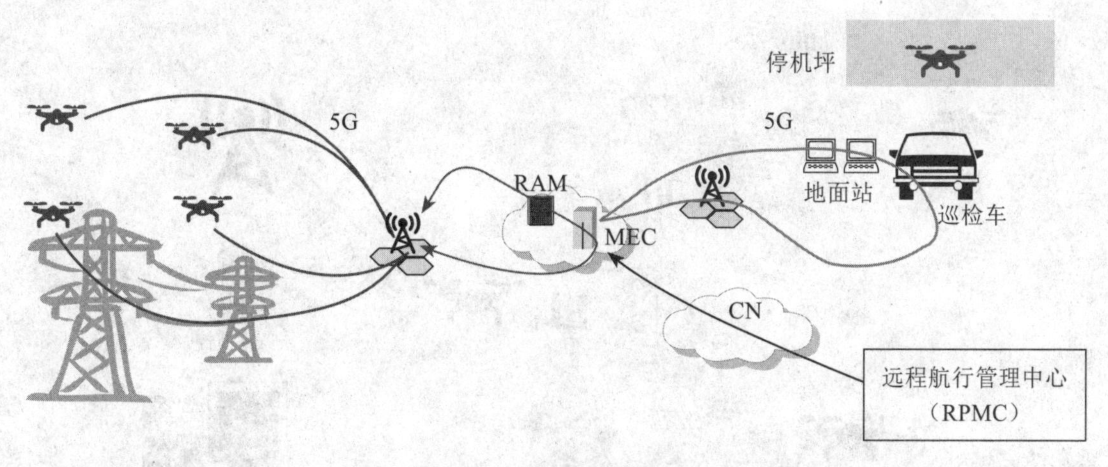

图8-6　无人机电力巡检示意

多旋翼无人机可分别或者组合搭载高清变焦相机、红外相机、夜视相机、激光雷达等多种传感器，传感器通过连入5G网络的CPE将视频流通过上行链路传输到流媒体服务器中，用户再通过PC从该服务器拉流观看巡查，实现电力线巡查高清视频的即拍即传。

（1）无人机4K视频实时回传，上行实时30Mbps带宽。

（2）多机协同360°全景拍摄，数据冗余采集，减少由于对巡检目标对角、光线不一致、图像漏拍等导致的GIS图像3D建模失败，节约成本30%～90%。

（3）地面站与管理中心进行内外场协同作业，即时发现问题并进行图像复采集，作业效率提升40%～80%。

5.基站巡检

在移动通信系统中，空间无线信号的发射和接收都是依靠移动基站天线来实现的。基站天线的工作参数主要有挂高、俯仰角、方位角和位置经纬度，这些参数对基站的电磁覆盖有决定性的影响，无线网络的运行质量也与天线参数的正确性密切相关。因此，对基站天线工作参数定期检测是移动通信系统维护最基本、最重要的工作之一。

常规的人工攀爬基站巡检受到多方面因素包括天气、环境、仪表、人员操作等的影响，造成人工巡检效率较低，无法按时完成任务。采用5G网联无人机基站巡检方式，在降低了人工劳动强度的同时也降低了人工登塔作业的安全风险，既提高了巡检效率又节省了时间成本。网联无人机采集、拍摄基站数据并回传数据至主服务器，人工对数据进行处理并编辑生成报告。

基站巡检生成的数据量大，4G或传统微波电台无法进行实时数据传输，只能后期进行数据处理。由于测量误差要求较高，故应配备高精度定位模块，需利用5G高带宽、低时延、高可靠性的特点，对采集数据进行高精度定位。通过5G网络可将网联无人机连入无人机管理云平台，可对多架基站巡检无人机进行实时监控。如图8-7所示。

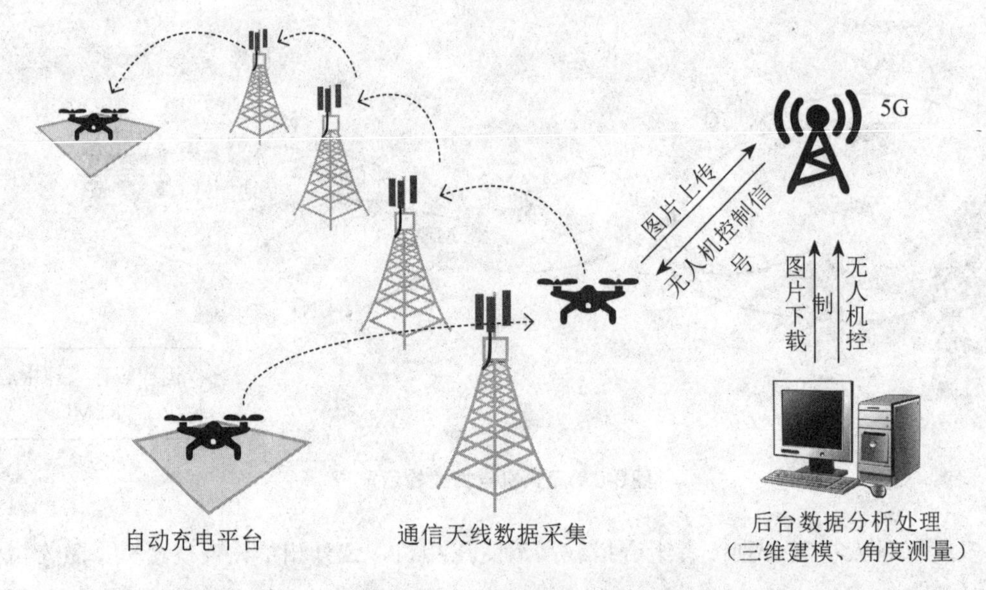

图8-7　无人机基站巡检示意

6.无人机水务

无人机在水务方面的应用越来越广泛，如水质监测、日常巡查、水文数据获取、防汛抗洪、水土保持监测等。

网联无人机水质监测是在水务方面的创新性应用。无人机荷载多光谱相机进行水体地物光谱采集，利用采集的多光谱影像，通过自主研发的聚类分析算法，对多光谱遥感影像数据进行针对水质特征的影像聚类分析，得出水质状况定性结论。结合抽样水样检测数据获得定量数据，综合分析，可总体掌握监测水域的水质状况。如图8-8所示。

该应用要求上行速率50Mbps，在150m飞行高度上，通过使用具备垂直波束调整能力的大规模天线，有能力达到50Mbps上行速率；在300～500m飞行高度上，要达到50Mbps上行速率，对5G网络覆盖部署提出了较高要求，可以考虑引入低频上行载波、增加上行时隙配比以及调整天线下倾角度等增强手段解决。

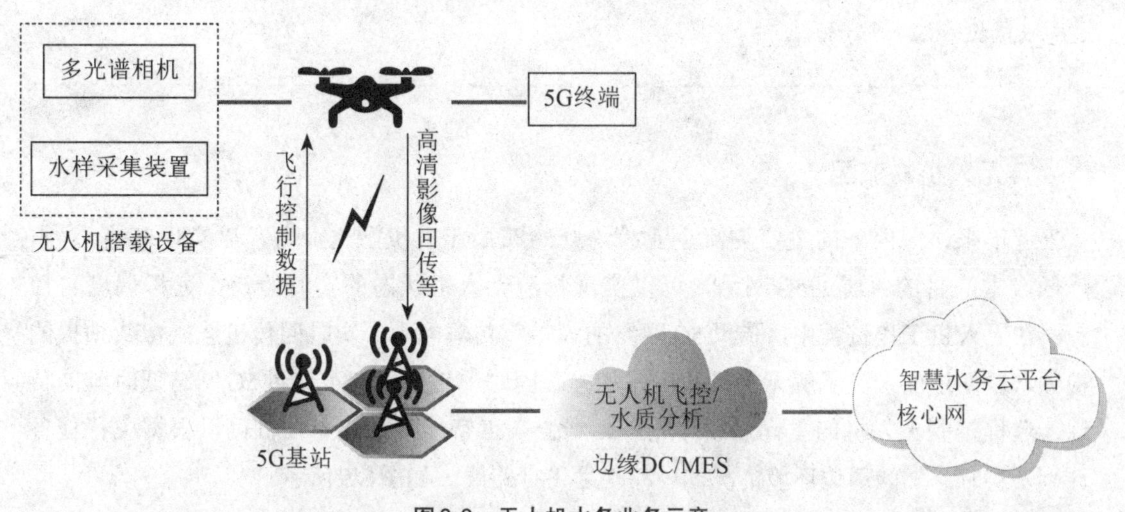

图8-8　无人机水务业务示意

相比监测站点加人工排查的方案，利用网联无人机获取水文水质数据，覆盖面积广、成本更低、效率更高，能实现全流域的实时动态水质监测和强大的水文水质数据获取能力，拥有广阔的市场发展前景。

资讯平台

2019年5月13日，主题为“5G亦庄，领动世界”的北京经济技术开发区“5G亦庄”启动仪式在北京市亦城财富中心召开。

中国联通5G创新中心携“水天一体”5G智慧水域管理产品亮相大会，该产品利用5G网络的大带宽低时延特性，通过水天联动，实现了水域巡航与监控的智能化，现场反响热烈。

利用5G网络实现“空中无人机+无人船+水下无人机”联动应用是该产品的最大亮点，从空中、水面、水下三个维度实现对水域的全方位立体化管理，具有高机动性与全自动化的特性。无人机可通过搭载4K高清摄像头、全景摄像头、热成像摄像头和激光云台等不同载荷，满足全天候多种场景下的业务需求。无人机空中巡航的同时，无人船可搭载高清摄像头与水质监测仪进行水面巡航，实现对水体的零距离监控，水温、电导率、溶解氧、pH值等水质信息通过5G网络实时回传至监测平台，更加深入地对水域情况进行把控。当无人机与无人船发现特殊问题需要进一步查探时，5G水下无人机将深入水下，使5G网络应用于水下可疑问题的定点排查，通过声呐准确探测出水下地形地貌信息，通过搭载4K高清摄像机实时拍摄水下实景视频，满足水下探测需求。5G网络的应用使高清视频或VR视频的实时回传成为可能，实现了对无人机、无人船、水下无人机的远程高精度控制，管理者足不出户便可实现对水域的广域监控和深入探测。

7.无人机物流配送

近年来，国内外的主要物流企业纷纷开始布局无人机配送业务，以实现节省人力、降低成本的目的。通过5G网络，可以实现物流无人机状态的实时监控、远程调度与控制。在无人机工作过程中，借助5G网络的大带宽传输能力，实时回传机载摄像头拍摄的视频，以便地面人员了解无人机的工作状态。同时，地面人员可通过5G网络低时延的特性，远程控制无人机的飞行路线。此外，结合人工智能技术，无人机可以根据飞行任务计划及实时感知的周边环境情况，自动规划飞行路线。如图8-9所示。

图8-9 无人机物流示意

8. 无人机应急通信及救援

我国幅员辽阔，多样的环境和气候特征使得各种自然灾害时有发生，因此，灾后的救援工作尤其重要。利用无人机灵活性强的特点，当灾害发生时，使用搭载通信基站的无人机，基于规划的路线飞行，触发受灾被困人员的手机接入机载基站网络，实现对被困人员通信设备的主动定位，确认被困人员的位置及身份信息。同时利用5G网络的大带宽传输能力，通过机载摄像头实时拍摄并回传现场高清视频画面，结合边缘计算能力与AI技术，实现快速的人员识别及周边环境分析，便于救援人员针对性地开展营救工作。通过该产品与传统搜救方式的结合，可有效降低搜寻时间，保证被困人员能够在第一时间得到有效救助，最大限度地减少人员伤亡，具有显著的社会效益。如图8-10所示。

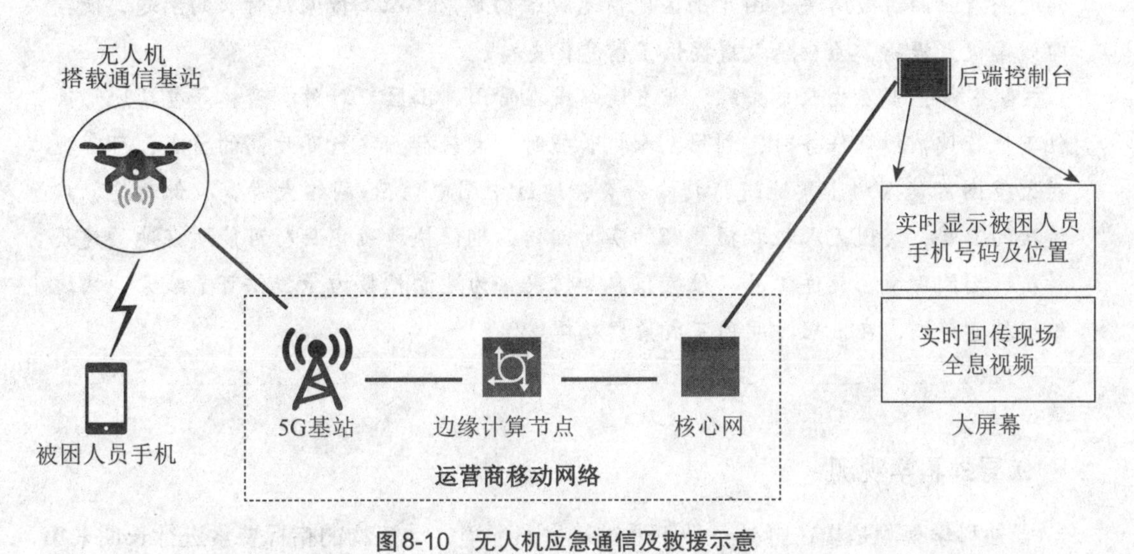

图8-10 无人机应急通信及救援示意

2019年7月5日，在美丽的西岭雪山，中国电信与大邑公安局、大邑应急管理局携手打造的5G+AI无人机防灾及救援应用，成功完成大邑县应急救援演练，充分展示了5G应用在山区日常巡检和野外救援中的积极作用。

本次应急救援演练所处的西岭雪山是世界自然遗产、大熊猫栖息地、AAAA级旅游景区，每年吸引游客100万人次前来游玩。近年来，游客因未按照景区路线游览，自行探险导致的迷路事件时有发生。

7月5日上午，两名游客登上西岭雪山拍摄日出，但因不熟悉路线迷路了，无法返程，于是拨打110求助。接到求助电话后，110迅速向大邑县应急救援指挥中心汇报，指挥中心立即要求各部门协同搜救，协调中国电信5G无人机进入景区寻找迷路游客。

随着指挥人员一声令下，5G无人机升空巡检，开始执行搜救任务，并通过中国电信5G网络实时向指挥中心回传现场的高清视频画面。

5G无人机实时回传的画面，通过部署于天翼云的AI分析能力，智能判别画面中的物体，应急救援指挥中心根据视频画面迅速锁定迷路游客的位置坐标，指挥属地派出所、森林公安和民兵救援队迅速将被困游客带至安全地带，圆满完成应急救援演练。

据应急救援指挥中心负责人介绍，以往的应急救援需要人工地毯式搜索，搜索地域广、时间长、成本高、难度大。而在本次救援活动中，中国电信5G无人机实时回传的高清画面有效解决了由于山区地形地貌结构复杂，人工搜索耗时长的问题，使搜索效率极大提高，为应急救援提供了信息化支持。

据了解，当发生人员失踪、驴友迷路或在雪山、山区、野外、密林等复杂地形条件下执行搜捕搜救任务时，利用无人机长航时、大载荷、飞行高度高的特点，可实现对大范围可疑区域密集地进行搜索排查，通过中国电信5G网络大带宽、低时延、广连接的优势，实现无人机拍摄视频的实时回传，确保快速确定目标可能所在地的建筑特征、周围环境、交通工具、位置信息等情况，为地面搜救力量提供可靠线索，快速缩小搜索范围，在最短时间内完成紧急救援。

---

9. 野外科学观测

野外科学观测是指在野外条件下通过对生态环境、动植物的指标要素进行长期采集、数据积累和测定，确定其变化趋势，帮助科研人员进行研究，是生态学、气象学等领域的基本研究手段。野外科学观测地点普遍远离城市，通过应用多种传感器、视频监控设备、数据采集器、通信网络等基础设施，能够实现科研数据的采集、存储、传输，形成信息化的研究环境。然而，在广域的青藏高原冰川、内蒙古草原、新疆戈壁滩等环境下，建立监测系统需要的成本较高。

无人机基于规划路线飞行，可实现广覆盖、低成本的视频数据和遥感数据的采集。5G网络可增加监测视频数据和遥感数据的上行传输速率，并降低空口时延，提高野外科学观测的效率。结合5G网络的大带宽和低延迟、高可靠性能，可实现系统原始数据、视频数据的实时观测。如：气象领域高频的原始流数据采样频率较高（10Hz），基于LTE网络实现实时数据传输困难。另外在观测系统架构中，通过边缘计算在本地筛选并计算有效数据，剔除重复和无效数据，可提高系统工作效率。如图8-11所示。

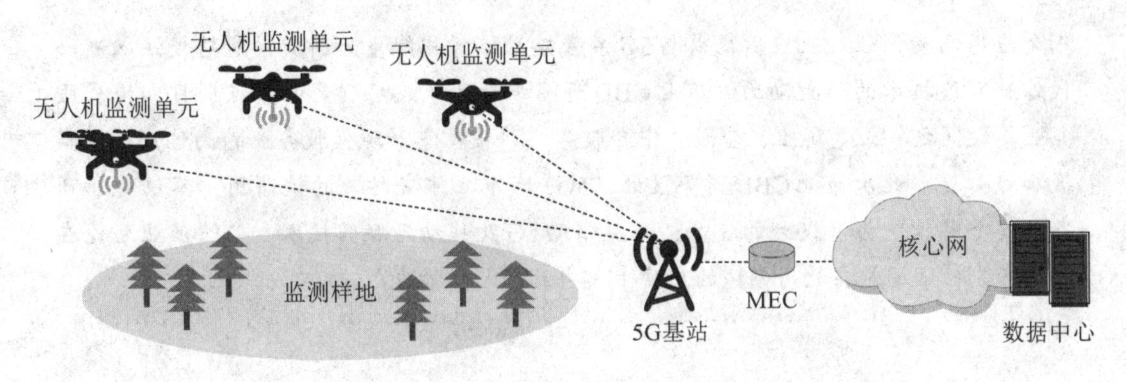

图8-11　5G无人机野外科学观测系统示意

【案例一】▸▸▸

国内首个5G+无人机城市立体安防进入试商用

2019年1月，青岛联通携手青岛市北商务区建设的国内首个基于5G网络的无人机城市立体安防进入试商用。该系统借助5G+无人机技术，对接北京旷视科技的人脸识别系统，建立市北CBD商务区的“城市立体安防”，前后共经过了近2个月的无线勘察、设备建设、平台对接、系统测试、视频采集、数据分析阶段。该项目的启用将极大提高商务区管理能力，为商务区的安全保驾护航。

借助5G网络低时延的特点，操作员通过控制中心向无人机发送控制指令进行飞行状态的远程遥控。无人机挂载CPE和360°摄像头，进行高空城市安防视频拍摄，通过5G网络回传至市北区城市治理指挥中心，在指挥中心大屏视频实时显示的同时，并将摄像头采集的人脸信息与指挥中心数据库进行比对，实现安防重点人群的防控。

与一般的固定在地面的安防产品相比，无人机最大的优势在于改变传统监控视频的静态和低维度的视角，改用动态视角和三维立体式的拍摄，尤其在人口稠密地区执行任务时，无人机的参与有助于降低安保人员的危险系数。近年来，无人机凭借成本低、易操纵、高度灵活稳定的特点应用越来越广泛，公安干警和武警利用无人机来应对突发的社会事件，交警部门用无人机来进行交通方面的管理，特警部门则利用无人机进行空中侦察抓捕罪犯等工作。

在搭载5G蜂窝网络平台的基础上，智能无人机飞行更加促进了传统安防产业向天地一体化协同作战的方向转型，助力多场景安防能力的智慧升级。5G给安防带来的不仅是数据传输速率的提升，还将深度改造整个产业链，推动行业迈入智能物联时代。

作为国家发改委公布的首批5G试点城市，青岛联通积极与各行业联合探索5G在行业中的应用，打造智能制造、平行驾驶、智慧赛场、数字化船坞、5G+Cloud VR等八大应用场景，让行业应用提前与5G亲密接触，蓄积能量为新旧动能转换注入新一代信息网络技术的强大动力。市北CBD商圈是青岛市政府确定的重点项目和现代服务业集聚区之一，是商业、金融、中介服务、科技信息等现代服务业的高端产业聚集区和核心区。此次市北CBD商务区的“5G+城市立体安防”的试商用，不仅对于商务区安全防控能力有极大的提升，而且借助5G及移动互联网技术，安防产业无论在技术领先性上还是在利用领域的广度上都得到超越性的发展。

【案例二】

全国首个5G+无人机物流创新应用实验室落成

2019年1月，全国首个5G+无人机物流创新应用实验室在杭州落成，杭州移动与迅蚁科技签署战略合作，正式启动全国首个5G+无人机物流的应用项目。

在杭州的梦想小镇，迅蚁的无人机已经在这里小范围试点外送星巴克和肯德基，尚未大范围推广。杭州移动为这一外卖无人机加持了5G设备，为无人化物流提供更强大的通信保障。

在物流现场，无人机的货箱内部，除了外卖的物品，还安装了一个白色的5G设备，通过这一设备，能实时传输无人机的起飞飞行高清画面，能够更直观实时监控飞行。如下图所示。

据介绍，5G的高带宽、低时延和抗干扰可以对无人化物流机器人的实时通信提供强大支撑，这样的实时控制可以使得机器人运行得更加安全，导航不再依赖于GPS，5G能够让强大的机器视觉能力变得像人眼一样方便；抗干扰特性能够让高楼密度、电磁环境复杂的城市场景不再是飞行禁区。此外，5G的DtoD特性能够让每一个子网的物流机器人独立组网，进行数据交互，运行得更加高效。

无人机上的5G设备

无人化物流机器人自身配备了大量的传感器，比如图像、温湿度、信号强度甚至空气质量传感器，大量的物流机器人在完成配送任务过程中能够采集到丰富的立体的实时数据。而5G网络能够保障海量数据的传输，能够为构建立体化的智慧城市网络提供丰富输入。

此外，5G基站的信号辐射范围相比4G

更加立体，能够对300m以下的空域进行全覆盖，因此，每一个5G基站（包括宏站和微站）都可以成为未来低空空域管理的必要基础设施载体，成为低空的“道路”和“信号灯”。

【案例三】

上海首次完成“5G+无人机”高清视频直播

2018年5月10日，上海首次开展5G外场综合测试，在北外滩试飞搭载世界领先5G通信技术模组的无人机，并成功实现了基于5G网络传输的无人机360°全景4K高清视频的现场直播，向5G技术应用迈出关键的一步。

上海市虹口区北外滩的徐徐江风中，一架无人机在空中盘旋遨游。在上海市经济和信息化委员会指导下，上海移动联合华为公司搭载5G终端的无人机试飞，而岸边的人们可以实时在屏幕上看到无人机传回的全景高清视频，在VR终端上更可沉浸式观看，尽享黄浦江美景。

此次5G技术与无人机和VR的结合，标志着上海5G建设迈出了关键性一步，开启了5G技术进入试商用和商用的新阶段。5G网络峰值传输速度比4G网络传输速度快数十倍，这意味着网络速度和传输质量的跨越式提升，能够实现毫秒级的时延。

在应用于全景视频传输时，即使需要同时传输六路信号，在5G网络支持下也能轻松实现，图像更为清晰，画面也更加流畅，结合VR终端能够更好地实现身临其境的效果。与4G网络承载上述业务仍存在卡顿情形相比，5G画面流畅，远端VR观看无晕眩感。

目前，上海北外滩滨江区域已经完成了5G测试站建设和行业应用测试，2020年，上海将率先完成以5G为核心的新一代信息基础设施总体架构。

09

第九章
5G与智能安防

导言

伴随着5G的到来，视频监控整个系统将从前端设备、后端处理中心以及显示设备等各个领域得到革新。同时，5G带来的无线特性将进一步拓展智能安防在更多领域的应用。

一、5G与智能安防的结合

从一定层面上来说，5G与安防的结合是具有其必然性的，而5G技术的诸多特性能够很好地满足当下智慧安防发展所提出的诸多需求，这也为它们之间的深度结合促成了新的必要性。

1.5G助力智能安防

在5G被定义的三大场景当中有两个主要的场景是面向物联网运用的。物联网需要连接更多的感知节点，而且所需面对的场景也更加地复杂多变。基于此，5G网络架构在设计过程中便在软件层面采用了大量的云和网络虚拟化技术，这一举措有效解决了物联网在面向运用的过程中通信传输层面的系列问题，使得5G技术在设置之初就具备了面向物联网运用的特性。而以视频监控图像应用为核心的智慧安防作为物联网主要的一个场景，所以其与5G技术的结合也便成了顺理成章的事情。

智能安防作为物联网重要的一大运用场景，长期以来广被各界看好。其原因如图9-1所示。

智能安防对于整个传统安防行业升级改造的实质性效果是明显的，但是为何至今却也未曾走向真正的大规模发展呢？这与现行通信技术无法满足智能安防所需多节点链接、海量监控视频传输等方面的需求有一定关系。

通过AI加持的智慧安防不仅凭借传感器、边缘端摄像头等设备实现了智能判断，还有效解决了传统安防领域过度依赖人力，成本耗费高等问题

通过智能化手段获取安防领域实时、鲜活、真实的数据信息，并进行精准的计算，实现了让各项安防勤务部署、安防人力投放以及治安掌控更加科学、精准、有效。这对于保证安防工作在正确的时间做准确的事情，推动安全防范由被动向主动、粗放向精细的方向转变提供了有力的保障

图9-1　智能安防作为物联网应用场景被看好的原因

毫无疑问，智能安防的进一步发展对网络通信技术的信息传输带宽、速度、时延等方面都提出了更高的要求。而从设定之初，5G技术便被定义为面向高速、高可靠、低时延等特性而开展研制，系列特性恰好满足了新一代智能安防发展所提出的诉求。

2.5G对安防的必要性

自视频监控智慧化以来，就面临着城市间亿万节点的多元数据收集与传输的难题：安防系统每一秒钟产生的数据大到惊人，如果将所有数据传输到城市AI大脑后台去处理，对带宽要求太大；若将算力分散到终端，又将造成大面积的信息传递。

在现行4G技术下，云中心很难对海量的“实时数据”进行全局分析，而5G网络架构在设计过程中便在软件层面采用了大量的云和网络虚拟化技术，能够有效解决物联网应用过程中通信传输层面的系列问题，因此智能安防与5G技术结合便顺理成章。

微视角

5G和人工智能相融合不仅使安防行业拓展到更广泛、更深入的应用领域，而且将加快安防智能化的进程。

二、5G+智能安防市场发展前景

近年来，安防智能化发展不断深入，AI技术具有天然在安防行业落地的场景、需求和应用，并正推动视频监控等安防各个细分领域进行技术变革。在5G技术推进下，智能安防将取得快速发展。具体如图9-2所示。

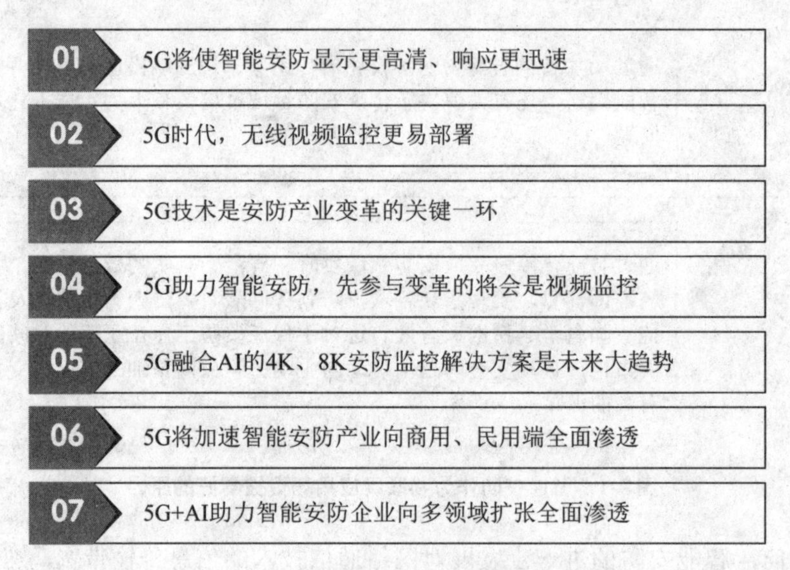

图9-2 5G+智能安防市场发展前景

1.5G将使智能安防显示更高清、响应更迅速

传统安防行业一直受制于低带宽、低速率的传输系统，智能安防时代仍受困于没有得到实质改变的网络传输系统，尤其是目前，在智慧城市建设中，随着海量视频监控数据的不断产生，现有的通信技术无法满足智能安防所需多节点链接、海量视频数据传输的需求，行业渴望实现从“看得见”向“看得清”“看得懂”转变，高清和智能化的发展趋势，已经成为智能安防行业的发展共识。而从“看得见”向“看得清”转变，带来的直接的影响就是数据存储和数据传输要求的上升。

以城市安防为例，相关数据表明目前我国已安装监控摄像头超过3000万个，为保证如此之多的监控器的监控数据都能够迅速地传输到云端监视中心分析处理，这一过程中所需传输的数据量每年将高达数PB，而在4G网络下，现行的监控技术在实际的传输过程中往往将视频文件进行压缩传输，导致压缩之后的视频分辨率低，到了具体的监控分析环节效果不佳。

区别于4G通信条件下监控视频传输速率低、画质效果差等问题，未来5G技术所具备的传输峰值超过10Gbit/s的高速传输速率，将会有效改善现有视频监控中存在的反应迟钝、监控效果差等问题，能够以更快的速度提供更加高清的监控数据。

2.5G时代，无线视频监控更易部署

视频监控行业中传输方式分为有线传输和无线传输，目前占主导的有线传输视频监控领域产品和技术正在经历向高清、智能化快速发展。伴随着5G的到来，无线视频监控更易于部署、更便利的优势将得到更大的发挥，无线视频监控也将得到更大的发展，甚

至与有线传输监控分庭抗礼。有线传输所受到的限制比无线传输要多得多，有线传输的部署也要比无线传输复杂得多。

比如说，在公交车、警车、救护车、火车等移动的交通工具上有线监控就无法使用；在电力高压线线路、高速公路、环境监测、森林防火、石油输油管线等环境下有线网络基本无法到达或者布线成本会非常高；而在一些易燃易爆等危险场所监管人员根本无法接近。

在以上提到的这些地方无线监控就能有效地保障监管人员的监控需求和人身安全。

3.5G技术是安防产业变革的关键一环

5G所具备的多连接特性也更能促成安防监控范围的进一步扩大，获取到更多维的监控数据，这将能够为智能安防云端决策中心提供更周全、更多维度的参考数据，有利于进一步的分析判断，做出更有效的安全防范措施。

5G技术相对于4G技术，传输速度将大幅上升，其数据容量也将大举提升，给安防行业带来很大推动，很有可能成为迎来安防真正变革的关键一环。5G改变的不仅是速度，更是实现了万物的互通互联。5G除了个人通信外，还将加速目前的车联网、物联网、智慧城市、无人机网络等项目的落地速度。5G时代的到来，对于安防行业可以说是一次质变。

4.5G助力智能安防，先参与变革的将会是视频监控

视频监控作为整个安防产业中主要的一个组成部分，是智能安防的主要落地场景。视频监控系统涉及整个监控过程中的数据采集、传输、存储以及最终的控制和显示，是整个安防系统的基础支撑，很多子系统都需要通过与其相结合才能发挥出自身的功能。

伴随着5G时代的到来，监控设备将进一步走进8K分辨率时代，这意味着会有清晰度更高的画面与更丰富的视频细节，这使得视频监控分析价值更高，也将再度迎来新的发展契机和市场机会。

从视频数据传输方面来看，5G技术可以提升超高清监控视频资源的传输速度以及后端智能数据的处理能力，减少网络传输和多级转发带来的延迟损耗，视频监控将不再局限于固定网络。

微视角

伴随着5G技术不断深入融合到整个安防产业当中，先受到影响并被变革的一个领域必然是视频监控。

5.5G融合AI的4K、8K安防监控解决方案是未来大趋势

5G将会重新定义万物并且会开启全新的发明时代，因为随着5G网络的到来，将会有数十亿的物体相互连接，面对这海量的数据，不但对云端计算能力有着更高的要求，而且也需要在终端侧进行数据的加工，AI运算能力将会是关键。

比如，高通的AI战略是5G+AI，也就是把5G连接和AI研发相结合，以平台化助力AI人工智能变革其他行业。

5G拥有高容量、低时延和高可靠的特性，它可以全面支持无线边缘的AI运算，终端侧AI也将在充分发挥5G潜能方面起到重要作用。“更清晰、更智能”是安防行业矢志不渝的目标。可以预见的是，未来两到三年内，业界将推出通过5G推送的融合人工智能（AI）的4K、8K安防监控解决方案以及相关应用。

6.5G将加速智能安防产业向商用、民用端全面渗透

5G将加速智能安防产业向商用、民用端全面渗透，尤其是与智能安防关联密切的智慧城市、智能家居生态建设。智慧城市作为5G技术与智能安防结合的典型应用场景，将得到很大发展，届时，数据采集、分析速度达到微秒级别，从而打破困扰智慧城市项目的“信息孤岛”现象，使得万物互联得以真正实现。5G将深度改造整个安防产业链，推动行业迈入智能物联时代。

微视角

借助5G及移动互联网技术，安防产业无论在技术领先性上还是在利用领域的广度上都将得到超越性的发展。

7.5G+AI助力智能安防企业向多领域扩张全面渗透

在安防领域，新技术的出现有望改变传统安防事后查证、人工决策带来的低效率与大量浪费，通过打造AI智能安防，未来将实现全程监控、智能决策，效率大幅提升。AI智能安防将给软硬件产品的技术难度和价值量均带来大幅提升，行业市场空间也将再次大幅提升。

除了安防领域外，掌握新技术的企业还可以向更广阔的空间扩展。摄像机是一种非常重要的信息采集工具，而基于图像的人工智能算法则可以智能化地分析、处理这种数据，两者结合起来将具有强大的威力。

5G时代，除了安防领域，安防企业还可以向无人驾驶、工业相机、无人零售、无人机、机器人等众多需要领域扩张，行业空间将不断打开。

三、5G+智能安防的主要应用场景

5G将会给安防产业带来质的改变，万物开始进入互联互通场景，以往困扰着行业发展的诸多问题将迎刃而解，行业应用将进一步拓展。

1.智能家居

5G将大幅度改善智能家居服务，它将解决一些消费者投诉的主要问题，如响应迟缓、信号延迟、设备不互联等，届时，智能家居设备之间的“交流”将更为准确迅速，智能家居系统真正实现整体联动效果。此外，5G标准的提出，有利于打造智能家居行业标准，解决当下智能家居设备标准不统一的问题，有利于推动智能家居市场良性发展。

随着5G网络崛起，单位流量内的资费费率将会逐步下降，困扰着家庭安防、智能家居等的一些信号、应用推广的问题有可能会迎刃而解，彼时数以亿计的家庭应用的设备将走入普通家庭。

2.智慧交通

5G的超高速传输将有利于车联网加速落地，基于5G的智慧交通系统也将更为联动。未来，5G技术能根据路段运载能力安排车辆行驶路线，在提高城市交通效率的同时减少拥堵情况的发生。

在公共交通方面，5G可以有效优化公交线路，提供实时更新的乘客信息、车辆信息，甚至支持动态公交路线查询。

此外，低时延高可靠的5G技术将是自动驾驶的“千里眼”和“顺风耳”。借助5G网络，自动驾驶能实时获取位置信息、环境信息以及乘客信息，进行路面冰滑预警、路障预警以及车辆限速，并在司机大意时可强制停车。

3.智能监控

对于监控设备来说，5G技术可以更快地传输更多的超高清监控视频资源，视频监控将不再局限于固定网络，后端智能数据处理能力加快，可减少网络传输和多级转发带来的延迟损耗。摄像头采集的视频可以进行本地分流，大幅度降低网络传输宽带资源占用，缓解移动核心网拥堵的问题。5G网络正式商用后，监控设备将进一步走进8K分辨率时代，这意味着会带来更高清的画面、更丰富的视频细节，视频监控分析价值更高，市场机会更多。

【案例一】▸▸▸

全国首个5G+VR智慧安防管控系统落地

2019年1月29日，南昌公安局联合中国移动、华为、北京蔚来空间等研发机构，调通并上线了全国首个真实场景下5G+VR的智慧安防应用。下午3点，秋水广场智能（5G+VR）安防管控中心的监控大屏幕上，完美呈现了在南昌VR产业基地区域上空飞行的由无人机回传而来的4K高清VR视频画面，全程画面清晰流畅、无卡顿。下图所示为搭载VR全景摄像头及5G-CPE终端的大型无人机。

搭载VR全景摄像头及5G-CPE终端的大型无人机

5G回传的VR视频画面清晰、稳定：从高空可见准确的人流、车流等内容信息，成功跨越了传统通信技术（画面模糊，识别困难）为人工智能等综合应用引入移动警务带来的障碍。5G时代，运用5G超大带宽、超低时延、规模连接等特征，以及5G网络切片与边缘计算技术，使得将“5G、VR、大数据、AI人工智能等技术融合一体”打造智能安防系统成为现实，也掀开了公安第五代信息系统革命的新篇章。下图所示为回传至管控中心的4K高清VR视频画面。

回传至管控中心的4K高清VR视频画面

本次5G+VR无人机巡航主要覆盖了南昌VR产业基地等区域，后续该平台将延展应用至八一广场、秋水广场等重点安防区域，打造机动、立体的安防体系。

该系统率先结合5G、VR、大数据、AI人工智能等先进技术，以裸眼VR、360°全景形式呈现了秋水广场等安保重点区域的实景情况，通过营运商LBS（数据定位）数据、雪亮工程天网智能探头准确预警秋水广场及周边的人流、车流情况，并可实现对重点人员、嫌疑人员的布控，有效掌握现场实时情况。

该平台能够有效提供决策数据参考，实现精准指挥调度，做好人防、物防、技防工作，维护现场秩序，规避风险，有效避免踩踏，为群众创造一个安全舒适的娱乐休闲环境。

【案例二】

5G公交全高清视频实时监控

2019年5月13日上午，广州市第一批5G公交车试运行启动活动在白云区民营科技园举行。广州公交集团二汽公司563线将作为市内第一批5G公交车试运营，同时，广州首个5G公交调度总站——民营科技园总站也宣告落成。563线往返于白云区罗冲围与太和民营科技园之间，全程30.9公里，途经41个站点。

5G技术能给公交车带来许多变化。车上安装智能调度与视频录像一体机，可通过5G技术实现全车8路全高清制式视频实时监控，图像清晰、流畅、无卡顿，解决目前4G网络环境造成的视频传输慢、画面模糊、多路视频无法同步调阅等难题。高清视频实时传输回云端后台，相关单位部门能及时进行运营调度及综合治安预判。5G公交车车内展示如下图所示。

5G公交车车内展示

5G技术还能为车辆添加双眼，创造一个全方位、高效、高质的管控平台，继而实现网格化、闭环化、扁平化的安全管理。据介绍，后台可利用高清视频数据实时智能分析驾驶员的操作行为，及时有效地对驾驶员进行规范教育，从而降低安全风险。

同时，依托5G技术，公交企业可通过车载云总线系统实时高效采集分析公交车整车电子数据，精确掌握车辆技术状况，全程记录驾驶员操作动作，从而提升企业安全行车和节能行车水平。基于这些电子数据，也可优选出更合理更节能的人车调度方案，制定更有效的车辆维保计划，配合智能维修材料系统实现车辆资源利用、效率提升的目的。

据介绍，5G技术还可实现车载视频高清实时传输、VR远程维修和急救联动、一键报警等应用。

另外，如果公交车运营过程中，车内乘客发生突发事件时，当班车长可通过5G连接指挥中心，将车内4K画面实时传送至医院，由医院方远程指导车内人员展开紧急救治。同时，乘客乘坐5G公交可利用手机等终端设备扫描车上的二维码连接5G网络，体验5G网络的高速率。

10

第十章

5G与智慧灯杆

导言

2019年，5G已成为全球各国争抢科技竞局的兵家必争之地，而智慧灯杆作为包含充电桩、视频监控、环保监测、灯杆屏等多种模块的新一代城市信息基础设施，不仅肩负着智慧城市建设的突破口，也将成为未来5G基站建设的重要环节。

一、什么是智慧灯杆

智慧灯杆是在路灯杆的基础上集成无线基站、Wi-Fi（无线网络）设备、传感器、视频监控、RFID（射频识别）、公共广播、信息发布等多类感知设备，如同城市的神经末梢，对信息充分采集、发布、传输，形成一张智慧感知的网络，可实现智能照明、智能安防、无线城市、智能感知、智慧交通、智慧市政等诸多应用。如图10-1所示。

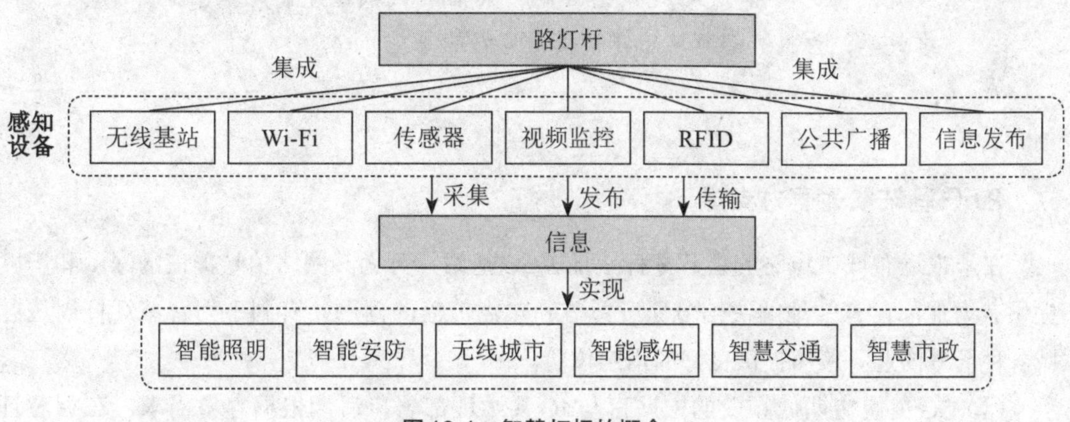

图10-1　智慧灯杆的概念

二、智慧灯杆与5G的融合

进入中国特色社会主义新时代，我国智慧城市发展方兴未艾，以“集约”“便捷”“和谐”为理念，研究更加开放的、与智慧城市基础设施融合的5G建设模式，成为当前热点课题。其中，智慧灯杆与5G基站结合是最佳的突破口。

1.智慧灯杆具备先天优势

纵观全球，在智慧城市规划建设中，智慧灯杆因具备通电、联网、广布的优势，成为物联网在城市中的重点应用领域，且在满足应用功能的同时，注重外形的美观性。这些特点恰与5G微站建设配套需求不谋而合。

（1）智慧灯杆作为分布最广、最密集的市政设施，可满足5G超密集组网的站址需求。路灯杆间距一般为20～30m，而5G微基站站址距为100～200m。按每根灯杆集成一套5G系统计算，路灯杆的数量可满足三家电信运营商建站需求。

（2）智慧灯杆的供电系统，可以解决5G微基站建设外电缆布放难的问题。

（3）智慧灯杆作为常见的市政设施，外形和谐美观，可以减少因电磁辐射、市容风貌带来的社会问题。

（4）以智慧灯杆为5G基站载体，可节约设备支出，避免城市基础设施资金重复投入，节省空间资源，同时极大降低人工巡检、管理维护等费用开支，更能体现智慧灯杆“一杆多用”的应用价值。

微视角

在智慧城市整体规划时，智慧灯杆与5G同步规划、同步设计、同步实施，将完美解决5G建设的难题，大幅降低城市建设成本，提升城市运维效率，为推进智慧城市建设提供良好的基础。

2.5G基站成为有力支撑

在未来遍布城市道路的智慧灯杆上部署5G基站，可为其网络信号覆盖的深度和广度提供有力保障，有效地解决信号深度覆盖和热点覆盖的问题，有利于为智慧灯杆周边区域各种场景的业务应用提供良好的用户体验。

（1）5G覆盖初期低频段的宏站可与4G共站址部署，后期根据容量需求，在智慧灯杆部署高频段微基站分流业务，面向解决高速无线数据下载、实时超高清视频互动、高速移动场景视频体验、增强/虚拟现实等高带宽业务需求。

（2）为保障自动驾驶业务开展，在智慧灯杆上部署5G基站是不二选择，因为对道路近距离的覆盖更利于实现良好的无缝覆盖及高可靠低时延性能。搭载在车辆上的摄像头、雷达等，通过5G网络将多路感知信息，实时传到远程驾驶操控台；驾驶员对于车辆方向盘、油门和刹车的操控信号，通过5G网络的高可靠低时延性能实时传至车辆，轻松准确地实现操作。

5G将实现一个完全移动、互联的社会，释放人类和技术的可能性，创造商业和金融机会。它将消除物理世界与数字世界之间的界限，提供超越人们想象极限的个性化体验和增值服务。5G将跨越通信行业，把无线、计算和云等内容结合起来，创建统一的技术基础和可扩展的全球市场。5G与智慧灯杆融合建设，为推动智慧城市信息基础设施的集约化建设提供重要参考。

三、5G推动智慧灯杆市场发展

5G智慧灯杆作为包含充电桩、视频监控、环保监测、灯杆屏等多种模块的新一代城市信息基础设施，不仅肩负着智慧城市建设的突破口，还集成了5G基站的功能，担起了5G建设的重任。

1. 智慧灯杆市场将爆发

由于5G基站有着使用高频通信及支撑大容量高速度的需求，5G时代将需要大量的微小基站来完成更密集的网络涵盖。无论从高度、间距还是从电源配套等角度考虑，灯杆似乎都是5G小基站的优选搭配。

如此，智慧灯杆一方面满足5G设备大量布局的需求，另一方面智慧路灯作为智慧城市的数据入口，集成了智能照明、LED显示屏、安防监控、微环境检测、一键报警、智能充电桩、网络及交通指示灯等多种功能，5G作为物联网的传输通道布置在智慧灯杆上再合适不过。如图10-2所示。

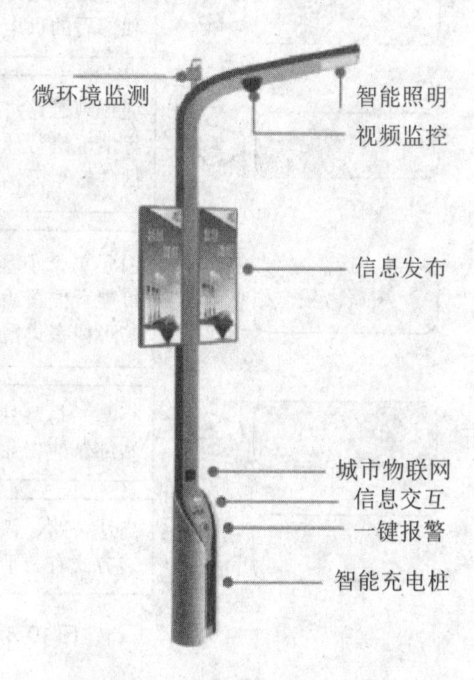

图10-2　多功能智慧灯杆示意

并且，后期随着5G技术的应用普及，5G智慧灯杆除可以满足大量人群高速上网、随时随地移动支付的需求外，还可支持4K高清视频通话体验、超高清多路视频回传、无人小公交接泊、AR导航、AR文化展示、AR消费引流等大数据服务业务，为人们带来更新鲜的出行体验。

资讯平台

业内人士预测，2020年，由5G基站建设带动的智慧路灯市场空间将达到1176亿元，到2021年以智慧路灯为入口的各种硬件及服务的市场规模将达到3.7万亿元，占智慧城市市场总规模的20%。未来智慧路灯市场的“蛋糕”非常大，对于渐趋微利化的照明行业而言是一个机会。

此外，新能源汽车的普及，对充电桩的需求将大幅上升，而智能路灯灯杆也可以作为充电桩最为便捷的载体而存在。而且按照当前三大电信运营商的规划，5G服务普及的部分不断加快，对搭载基站的智能路灯需求在近两年内爆发概率较大。

2.5G+灯杆最佳方案

由于5G网络配套设施涉及硬件设备，而要想大范围普及新的网络技术，基础设施应作为先行条件。那么，5G与灯杆结合什么样的方案更合理？

目前小基站部署方式主要分为抱杆安装、楼面安装和地面安装。基于智慧路灯的安装方式是抱杆安装的典型方式，具有图10-3所示的五点明显优势。

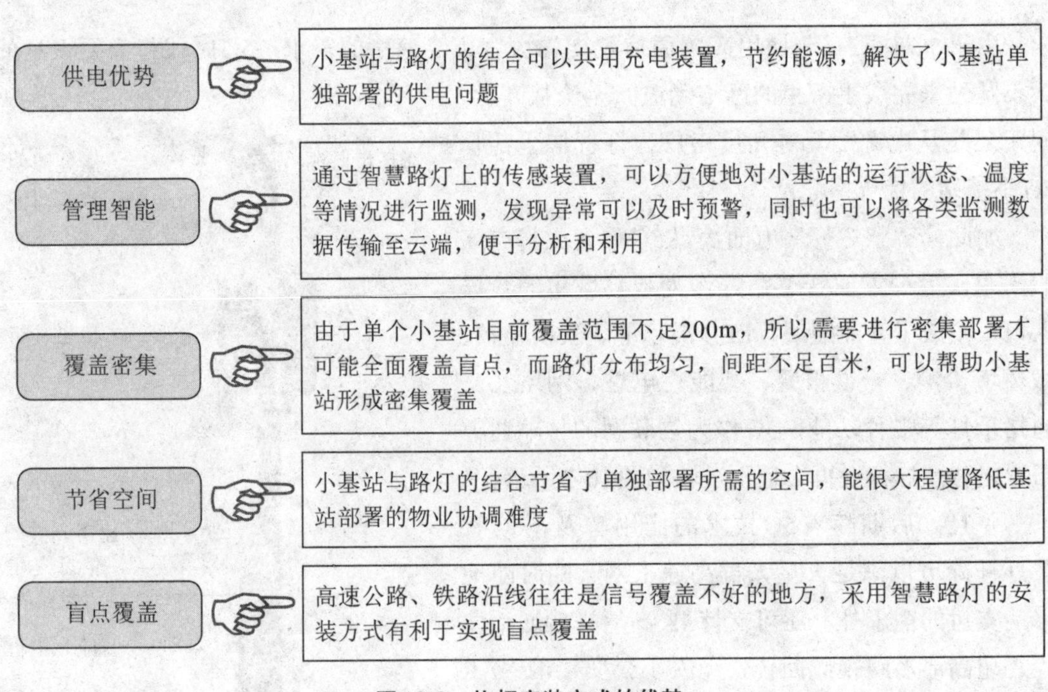

图10-3 抱杆安装方式的优势

相关链接

智慧灯杆成5G时代标配

在传统的城市LED照明系统中，LED灯杆承担的角色单一，发挥的作用局限性大，在新的智能场景加持下，LED灯杆潜力被无限激发，已成为智慧城市建设的一个重点。在现有的智慧LED灯杆系统建设中，其扮演的角色多重多样。

1.5G基站

在对智慧灯杆的规划中，5G小基站的功能加持是最为重大的突破之一。5G意味着需要新建大量分布密集的小基站，无论从高度、间距还是从电源配套等角度考虑，城市灯杆首当其冲，成为重要的落脚点，变为智慧城市的重要基础设施。

对于商业广场、火车站、步行街、地铁轻轨站、高校等一些热点区域，通过建设5G微站来分担整体的网络负担，缓解网络拥塞，分流网络流量。而在住宅小区等楼宇高层等易造成频繁切换的区域，采用室外辅助等方式建设微站，能够有效地对5G网络的稳定性提供支持。

2.充电桩

新能源汽车的普及，对充电桩的需求将大幅上升，而智能路灯灯杆也可以作为充电桩最为便捷的载体而存在。LED灯杆在城市中布局较为合理，在其上加持充电桩的功能，能够给驾驶者带来更多便捷。

3.智能数据收集

在智能灯杆中加持的“智慧系统”可实现灯杆运行、环保气象、安防监控、交通出行、城市运维等五大类信息的收集与监测分析，检测空气质量、测定道路积水，发挥城市运维“智慧眼”的作用，助力区域智慧城市建设。

4.信息显示

智慧LED灯杆屏作为数字标牌的一种形式，其显示效果十分“智能”，可以呈现出全户外高亮、高清的绝佳体验效果，在道路指引、路况实时播报、信息发布、广告传播等方面具有天然的优势，后期维护也十分简单。在路况指引、重要信息播报等方面可以扮演重要角色。

5.综合管理

在系统互联互通的基础上，实现对智慧灯杆的统一化管理，能够有效提高效率。以日常维护为例，普通路灯管理维护需要全部路灯打开，浪费电力资源，工作效率低且费时费力。在智能一体化下，通过智能移动端即可实施查看和管理，进行点对点的管理和维护，大大提升工作效率和降低维护成本。

四、5G时代智慧灯杆的应用场景

近来，智慧路灯在各个地区的应用项目越来越多，随着5G的到来必定会为智慧路灯的发展带来新的契机。5G时代，智慧灯杆的应用场景主要有以下几种。

1. 智慧城市交通

在智慧城市交通领域，智慧灯杆系统集交通诱导、停车指示、交通流量、车辆监控、应急救援、违章取证以及车联网系统于一体，将信息收集、监控等实时传输至指挥中心，通过分析，将数据传送给不同的城市管理部门，从而让城市运行井然有序。

2. 平安和谐社区

在平安和谐社区建设过程中，智慧灯杆系统具有得天独厚的优势，如图10-4所示。

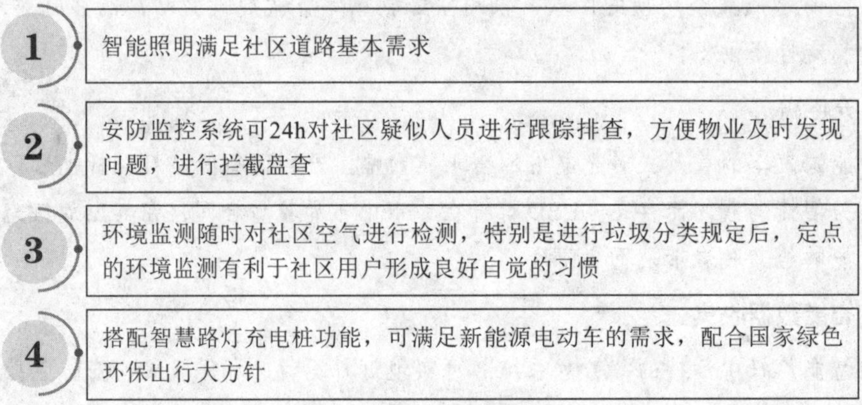

1 智能照明满足社区道路基本需求

2 安防监控系统可24h对社区疑似人员进行跟踪排查，方便物业及时发现问题，进行拦截盘查

3 环境监测随时对社区空气进行检测，特别是进行垃圾分类规定后，定点的环境监测有利于社区用户形成良好自觉的习惯

4 搭配智慧路灯充电桩功能，可满足新能源电动车的需求，配合国家绿色环保出行大方针

图10-4　智慧灯杆系统在平安和谐社区建设中的应用

3. 应急教育安防

智慧灯杆可应用在校园LED智能系统中，如图10-5所示。

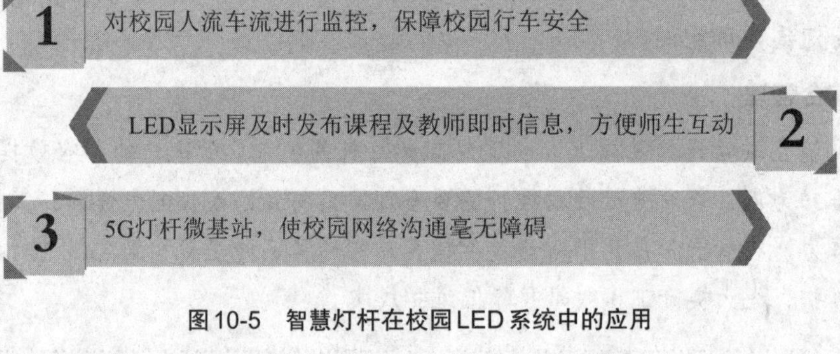

1 对校园人流车流进行监控，保障校园行车安全

2 LED显示屏及时发布课程及教师即时信息，方便师生互动

3 5G灯杆微基站，使校园网络沟通毫无障碍

图10-5　智慧灯杆在校园LED系统中的应用

4.科创园区智能管理

在科创园区智慧灯杆选择上，以数字智能系统为基础，打造集科技、智能、创新、人性化与景观和谐统一的新型现代化智慧园区及智能化综合管理平台，将美观、实用与智能、环保、节能相结合。

5.景区智慧系统

智慧灯杆在景区的应用主要体现在图10-6所示的几个方面。

1 人们可以通过该灯杆的LED显示屏了解当地天气、最新的旅游资讯和主题活动

2 灯杆开通了Wi-Fi功能，给广大游客带来便利

3 灯杆安装高清摄像头，保障区域治安的同时使游客体验浪漫旅游

图10-6　智慧灯杆在景区的应用

【案例一】▸▸▸

5G多功能智慧灯杆亮相成都

2018年6月26日，成都市马鞍南路桥头的锦江绿道岸边，刚完工的路灯引起了不少路人的关注。见下面两图。

灯杆上部安装有网络播音、路标指引等

灯杆中下部安装有一键呼救等多功能智能化设备

这种橙色的5G多功能智慧灯杆与普通路灯有着很大的不同，它除了可以满足基本照明外，设计师还在灯杆的顶部、中部和下部分别设计安装有视频监控、网络播音、路标指引、广告视频、一键呼救、USB充电、Wi-Fi信号发射等多功能智慧化设备。

【案例二】▸▸▸

北京延庆首批5G智慧灯杆投入使用

2019北京世园会的盛大召开，使延庆发生了翻天覆地的变化：道路四通八达、环境干净漂亮……

除此之外，漫步在延庆的大街上，您会发现一排排崭新的智慧灯杆已经投入使用。这些灯杆可了不得，功能可以说是相当强大。它们除了拥有照明功能外，还搭载智能安防监控、无线网络微天线，最重要的是市民在智慧灯杆附近可享受5G无线网络。部分街道的智能灯杆还增加了环境监测、路侧停车等功能，后期根据需要还可添加LED显示屏系统，为实现智慧交通提供设施保障。

目前，延庆城区的东顺城街、妫水南街、妫水北街、湖北西路、东街五条街道上的22根智慧灯杆已全部建成投用。百康路、世园路、圣百街等世园会周边8条道路的92根智慧灯杆硬件设施已基本建成，调测后将逐步投入使用。

【案例三】▸▸▸

5G时代到来，广东开始智慧灯杆产业布局

2019年3月14日，由广东铁塔牵头发起的广东省智慧杆产业联盟正式成立，将推动城市基础设施尤其是杆塔类设施高效整合和集约建设，批量储备5G站址资源，推动解决“多杆林立”和“单杆单用”的城市生态问题，为广东智能化基础设施建设和产业融合升级带来新的机遇，加速向数字化、网络化、智能化发展，为物联网、大数据、云计算、人工智能等高新技术的广泛应用提供重要支撑，助力打造粤港澳大湾区智慧城市群。

1.智慧杆将成粤港澳大湾区“新型智能化基础设施”

在2019年2月出台的《粤港澳大湾区发展规划纲要》中，提出要加强基础设施建设，建设全面覆盖、泛在互联的智能感知网络，推动智慧交通、智慧能源、智慧市政、智慧社区等应用落地，实现城市群智能管理。在这些大战略要求下，具有“一杆

多用”功能的智慧杆应势而生，并将成为粤港澳大湾区“新型智能化基础设施”的典型代表。

智慧杆，是遵循城市道路、街道分布，按照“共建共享”的理念，将各种前沿技术和应用集于一身的新型信息基础设施，在智慧城市中扮演“末梢神经元”的角色，它具备“有网、有点、有杆”三位一体的特点，能够对照明、公安、市政、气象、环保、通信等多行业信息进行采集、发布以及传输，形成一张智慧感知网络，实现对城市各领域的精细化管理和城市资源的集约化利用，“智慧杆”已成为国内外现代化城市建设的新标志之一。

比如，在广州从化生态设计小镇有一条由广州铁塔打造的“智慧之路”，所铺设的智慧杆集通信基站、节能照明、LED显示屏、视频监控、气象监测等功能为一体，并预留了智能电子导游、人流量检测、智能停车指引、车牌识别等功能接口，建设智能信息基础设施与生态融合的新型现代化“智慧小镇”，使居民生活更加便利、幸福。又如，在韶关莲花大道建设中，由韶关铁塔建设的141根智慧路灯杆，集成照明、摄像头、基站、环境监控、公交智能定位、交通视频执法、汽车充电桩等设备，通过信息共享和协同运作，统一实现智能交通、环境监控等智能管理及信息交互，建设“智慧道路”。再如，在广州广钢新城项目中，建筑面积约1000万平方米，规划居住19万人，将由铁塔公司统筹建设600余根智慧灯杆，并以其为载体实现智能照明、智能安防、智慧市政等诸多应用，满足政府、社区、居民的信息化需求，打造“智慧社区”。

2. 5G海量站址储备关键在于形成智慧杆共享模式

2020年我国将实现5G规模商用。当前社会各界对5G的呼唤日益强烈，而解决5G站址紧缺的难题也同时纳上日程。

据工信部数据披露，截至2018年底，全国4G基站总数372万个。基于5G频谱和网络技术要求，5G小基站站距仅为50～100m，站址数量将达4G的数倍。面对如此海量且更加密集化部署的5G站址需求，且同时考虑避免重复建设和节约投资，最可行的部署方法是充分利用各种杆件，尤其是高密度的灯杆，推进铁塔基站、路灯、监控、交通指示、广播电视等各类杆塔基础设施的集约建设和共建共享成为重中之重。

“一杆多用”的智慧杆，将在不久的将来成为5G站址的重要载体。在这方面，广东省智慧杆产业联盟将发挥统筹整合与研发能力，优先解决城市灯杆等与5G小基站共融共生共享的问题；统筹考虑照明、通信、道路指示、监控、环境监测、广播、信息发布等功能，编制智慧杆技术指引，搭建多行业沟通平台，协助有关部门出台智慧杆建设管理制度和道路杆件使用管理办法，建立智慧杆立项、设计、建设、验收、运行维护规范，避免重复投资、重复开发、反复扰民。在加速5G网络布局的同时，解决“多杆林立”“单杆单用”等城市基础设施问题，推动构建新一代信息基础设施，实现新一代智慧化信息基础设施“硬联通”和综合数据共享应用“软联通”。

3. 广东率先开启智慧杆产业布局

广东省智慧杆产业联盟是全国首个由政府官方指导成立并呈产业化布局、规模化推广的智慧杆联盟。广东省工业和信息化厅、广东省住房和城乡建设厅、广东省通信管理局作为指导单位给予全面支持和指导；规划设计、行业组织、铁塔厂家、通信技术、智慧照明、安防技术、应用平台等30家智慧杆产业链企事业单位已成为联盟理事单位。

目前，全国智慧杆建设仍处在实践与探索并重的初始阶段，广东省已率先在广州、深圳、韶关、惠州等地开展了试点建设工作。

比如，广州市按照“一区一园一街”的原则，选取了市政府大院、天河南二路、广钢新城、花城广场等8个智慧灯杆试点，积极探索智慧灯杆的建设运营模式、相关功能的整合方式、相关产业的带动模式以及结合5G基站研究智慧灯塔的布点方式等。

广东省工业和信息化厅将以推动5G商用为契机，充分发挥智慧杆产业对5G产业发展的带动效应，促进5G在智能制造、智能交通、智慧城市等领域的深入应用，将5G产业培育成为新的支柱产业，促进经济高质量发展。

作为联盟首席理事长单位，广东铁塔公司表示要将多年来在通信设施共建共享方面的经验以及在“一杆多用”建设领域的试点探索，充分推广到市政道路杆塔资源的共享运营中，牵头各单位将“智慧杆”产业打造成为粤港澳大湾区基础建设中的“精品工程”和“品牌工程”。据介绍，在广东铁塔以及各电信企业的共同努力下，广东四年来新建铁塔共享率由14.3%提升到78.3%，站址综合共享率达到39%，相当于减少3万座新建铁塔，节省行业投资65亿元，节约土地98万平方米，每年节约用电量6亿度，共建共享成效显著。

11

第十一章
5G与智慧电力

导言

随着5G时代的到来，各个行业的从业者都在积极探索5G、物联网、云计算等前沿技术在本行业的应用新可能。作为富有发展前景和极大发展空间的5G落地领域之一，电力行业也开启了智慧化、现代化升级的新征程。

一、电力行业在5G推动下加快升级

5G给电力行业发展所带来的影响是深入而持久的。5G电力输送基站的建设、5G切片技术的引入及应用、5G电力数据平台的打通等，无一不在丰富和改变着传统电力行业的发展面貌。

正视5G所带来的各种变化，积极探索推动5G在电力行业的多元化应用可能，将使传统电力行业转换过时的运作模式，转而形成一种全新的体系架构，并焕发出勃勃生机。在此过程中，电力企业同行之间乃至不同类型企业之间的跨界互动也会变得愈加频繁。

比如，中国电信正积极探索多种潜在商业模式，其中就包括依托公网的5G切片服务和租赁模式，运营商统一建设端到端5G公网，电力企业可进行租用。

二、5G赋能泛在电力物联网建设

2019年，国家电网有限公司正式提出建设“三型两网”世界一流能源互联网企业，全面部署建设泛在电力物联网。5G的到来可以从万物互联、精准控制、海量量测、宽带通信等方面加速泛在电力物联网的建设步伐。

1.泛在电力物联网的概念

泛在物联是指任何时间、任何地点、任何人、任何物之间的信息连接与交互。泛在电力物联网是泛在物联网在电力行业的具体表现和应用落地，不仅是技术的变革，更是管理思维的提升和管理理念的创新，对内重点是质效提升，对外重点是融通发展。

泛在电力物联网将电力用户及其设备、电网企业及其设备、发电企业及其设备、供应商及其设备以及人和物连接起来，产生共享数据，为用户、电网企业、发电企业、供应商和政府提供社会服务；以电网为枢纽，发挥平台和共享作用，为全行业和更多市场主体发展创造更大机遇，提供价值服务。

2.建设泛在电力物联网的意义

泛在电力物联网可以通过对能源系统和电力系统的全面感知，用数据驱动和人工智能的方法改变电网传统的运行模式，把电网打造成源网荷储全程在线、设备和装置全程在线、产业与生态全程在线的平等互联的平台，使电网成为能源输送和转换的枢纽，社会经济和民众需求的共享平台，从而驱动电网从传统的工业系统向平台型转化。通俗地说，泛在电力物联网将是一张巨大的物联网，把所有与电相关的物全面连接起来。

（1）对于用电客户而言，泛在电力物联网通过与电气的互联感知，提升能效，实现节能，通过用户互动、智慧用电，节约成本、降低电费。

（2）泛在电力物联网将进一步推进清洁绿色能源高效利用，推进电能替代，促进我国电气化水平提升，有助于民众生活质量的提升和环境的优化。

（3）用能者和电网公司形成在线互联，进行用能方式的选择，包括时间、价格等，参与能源交易，将享受到更为丰富的互联网服务内容。

3.5G技术为泛在电力物联网提供更优方案

泛在电力物联网的建设，要求通信网在核心层要有强大的承载能力和坚强网架，还要在接入层有广泛、灵活的边缘接入能力，满足数据一次采集、处处应用的接入需求。而5G能为泛在电力物联网的发展提供一种更优的无线通信解决方案，带来更美好的前景。

基于泛在电力物联网建设需求，差动保护、用电信息采集、移动作业、综合视频监控、虚拟电厂等业务的5G创新应用的研究探索正在进行，支持5G的电力信息通信产品的定制研发与系统集成也在逐步推进。

国网上海市电力公司2019年4月24日在上海发布泛在电力物联网5G创新应用阶段性成果，并与中国移动集团上海有限公司签署5G创新应用合作战略协议，共同揭牌成立泛在电力物联网5G通信技术应用实验室。

根据协议，国网上海市电力公司与中国移动上海公司将充分发挥各自资源优势，以上海双千兆5G应用示范城为平台，积极开展智能分布式配电自动化、配网PMU、分布式能源控制、用电信息采集、移动作业、综合视频监控、变电站巡检机器人等5G创新应用研究及示范，加快推进5G应用与泛在电力物联网融合发展，打造5G创新应用研究与示范高地。同时，双方将依托泛在电力物联网5G通信技术应用实验室，在5G技术研发、物联终端检测、标准化建设、设备认证等多领域开展广泛的战略合作，全力抢占关键核心技术制高点，引领5G技术研发应用及泛在电力物联网建设，加强高层次5G创新应用合作，加速其在泛在物联网建设中的落地推广，提升5G创新应用价值和成效，打造泛在电力物联网5G发展新高度。

在5G时代，电力和信息将更好地实现互联互通，泛在电力物联网将焕发更多生机。未来，5G将推动电网实现高质量发展，提升服务水平，拓展新业务新模式，全面提升泛在电力物联网全息感知、泛在连接、开放共享、融合创新的能力。5G承载电力业务的可行性将被进一步拓展，为泛在电力物联网建设注入强劲动能。

相关链接

5G的到来，为电网企业带来什么？

泛在电力物联网需要采集包括系统实时量测数据、视频监控数据等在内的海量数据，5G的高速率可为海量数据的传输提供强有力支撑。泛在电力物联网相关业务需要及时响应系统中的各种变化，实现精准控制，5G的低时延技术可以实现电力业务的毫秒级精准控制。

在需求响应方面，随着大规模、高比例可再生能源并网，面向调频等更短时间尺度的动态需求响应显得尤为重要。海量用电设备之间的协调控制对通信低时延提出了要求，而5G的10ms通信时延能够很好地满足秒级的调频需求。

在大数据时代，采集海量多元化数据是开展大数据分析的基础。传统的电力系统中虽已安装大量的传感器，但限于通信压力，很多数据仅保留最基本的信息，细粒度信息的缺失极大制约了大数据分析在电力系统中的实际应用。而5G的通信速率高，能够实现海量用电数据的及时采集，甚至包括某些更细粒度的家庭设备用电数据，使秒级甚至更细粒度的数据采集成为可能，这也可以为用电大数据分析、构建电力用户行为模型、促进广泛的用户互动提供坚实的数据基础，可支撑智能量测系统的建设。

海量量测数据采集主要面向结构化的电气量等数据，而在泛在电力物联网中还需要语音、视频等海量的非结构化数据，以实现全方位的配电网感知和更优质的个性化服务，5G为非结构化数据采集也提供了可能。

在电网运行状态监测方面，目前的监测对象主要是输电网，对配电网的监测较少。5G通信较光纤通信成本更低，也能保证通信的可靠性和实时性。只要在配电网不同节点安装传感单元，电网企业就能实时感知配电网的运行状态，为配网拓扑辨识、潮流分析、参数估计等提供支撑。

在电力设备状态监测方面，变压器、配电线路等电气设备的健康运行是整个配电系统运行的重要保障。应用了5G后，除了对高压设备运行状态进行检测外，配电网中海量的电力设备也能实现信息互联互通。电网企业可实时监测电力设备各项参数，感知外界环境（如温度等）的变化，帮助调度决策者综合分析、评估电力设备运行状态。

此外，在视频远程监控方面，5G能够高速率传输相应的视频通信，优化决策者体验。

三、5G在电网控制类的应用场景

5G网络低延时、连接范围广等特点可以有效满足配电网业务无线接入需求，使电网能够实现对每一个开关精准、快速地进行控制。

1.智能分布式配电自动化

智能分布式配电自动化终端，主要实现对配电网的保护控制，通过继电保护自动装置检测配电网线路或设备状态信息，快速实现配电网线路区段或配电网设备的故障判断及准确定位，快速隔离配电网线路故障区段或故障设备，随后恢复正常区域供电。该终端后续集成三遥、配电网差动保护等功能。

当前配电自动化主流采用集中式配电自动化方案，连接方式为主站集中，星型连接为主。配电网保护中心逻辑单元负责逻辑运算，发出保护跳闸指令；就地逻辑单元负责信息采集并处理执行就地保护跳闸指令，由于一个中心逻辑单元连接多个就地逻辑单元，当发生故障时，停电影响范围大。

智能分布式配电自动化以5G网络为基础，每台终端都可以起到中心逻辑单元作用，就地跳闸，快速隔离配电网线路故障区段，快速实现故障判断和定位故障隔离以及非故障区域供电恢复等操作，从而实现故障处理过程的全自动进行，最大可能地减少故障停电时间和范围，极大地提高了配电网故障处理时间。

2019年3月，上海移动在临港新城5G测试外场成功完成了首个基于5G网络的智能配电网微型同步相量测量（PMU：Phasor Measurement Unit）业务应用端到端测试，验证了5G网络能有效满足PMU同步相量数据传输，5G网络的高可靠、低时延的特性有效助力智能电网的升级。

同步相量测量装置（PMU）是基于微秒级高精度同步时钟系统构成的电网相量测量单元，可用于电网的动态监测、系统保护和系统分析与预测等领域，可实现电网的状态估计与动态监视、稳定预测与控制、模型验证、继电保护、故障定位等应用，是保障电网安全运行的重要设备。

2. 用电负荷需求侧响应

需求响应即电力需求响应的简称，是指当电力批发市场价格升高或系统可靠性受威胁时，电力用户接收到供电方发出的诱导性减少负荷的直接补偿通知或者电力价格上升信号后，改变其固有的习惯用电模式，达到减少或者推移某时段的用电负荷而响应电力供应，从而保障电网稳定，并抑制电价上升的短期行为。

用电负荷需求侧响应主要是引导非生产性空调负荷、工业负荷等柔性负荷主动参与需求侧响应，实现对用电负荷的精准负荷控制，解决电网故障初期频率快速跌落、主干通道潮流越限、省际联络线功率超用、电网旋转备用不足等问题。未来快速负荷控制系统将达到毫秒级时延标准。

在传统配网，当用电负荷超过可承载负荷时，因为没办法单个控制某些负荷，只能采取一刀切的方式，切除整条配电线路来降低负荷，对社会生产影响极大。通过接入5G网络可实现对负荷精准控制，在遇到紧急情况时，可以选择优先切断非重要负荷，最高限度地降低损失。随着电网的发展，未来的需求侧响应将会出现更多角色，售电、增点配电、储能、微网……和更加灵活多样的市场化需求侧响应交易模式。

2019年4月，全球首个基于最新3GPP标准的5G SA网络（独立组网）的电力切片已经在南京完成测试。

基于5G SA网络的电力切片，就好比给电力控制信号传输搭建了一个“高速立交桥”，增加点对点的高速直达，数据传输处于不同的“高架”上，不用“拦道”，也不会“撞车”，如果发现停电故障，尤其是在边远地区，处置效率将大大提高。更为重要的是，有了这样一个电力控制信号传递“高速立交桥”，配电网络的管理效率也将大大提升，能耗损失将大幅降低。

南京供电公司联合中国电信南京分公司与华为进行了本次测试，分别进行了室内和室外的近端、中端、远端及障碍遮挡测试，测得从主站系统、网络指令传输到最终的电力负控终端信息端到端时延合计约35ms，时延波动较小，切片也具备安全隔离性，能够实现电网对于负荷单元的毫秒级精准管理的业务需求。

南京所在的江苏省是中国制造业大省，南京作为省会城市，年用电负荷增长率保持在7%左右。为确保电网安全，需要广泛吸纳电力客户参与源网荷互动，本次测试利用5G技术的高安全隔离、低时延和高可靠特性，为海量用户的泛在互动提供新的解决思路。同时电网广覆盖、大连接、强安全的特性，对5G切片提出了较高要求。

---

3. 分布式能源调控

分布式能源包括太阳能利用、风能利用、燃料电池和燃气冷热电三联供等多种形式。其一般分散布置在用户/负荷现场或邻近地点，一般接入35kV及以下电压等级配用电网，实现发电供能。分布式发电具有位置灵活、分散的特点，极好地适应了分散电力需求和资源分布，延缓了输配电网升级换代所需的巨额投资；与大电网互为备用，也使供电可靠性得以改善。

分布式能源调控系统主要具备数据采集处理、有功功率调节、电压无功功率控制、孤岛检测、调度与协调控制等功能，主要由分布式电源监控主站、分布式电源监控子站、分布式电源监控终端和通信系统等部分组成。

多种分布式能源的并网，使电网从一个单电源网络结构变成多电源网络结构。虽然分布式能源可以在电网遇到紧急情况时作为备用电源，但是随着分布式光伏、分布式储能、电动车充换电站、风电站海量接入配电网，通信连接数量将成倍增长，用户是用电方的同时也是发电方，配电网的运行更加复杂，为电网的稳定运行带来挑战。如何对分布式能源调控，使其和电网形成良好互动成了一个问题。但是因为分布式能源基数过于庞大，现有的信息通信方式难以有效地进行分布式能源调控，而这正是5G电力切片中主要的研究方向之一。

四、5G在电网信息采集类的应用场景

智能电网不是空中楼阁，需要大量的数据去实现。随着智能电网的发展，现有的用电采集系统已不能满足未来的需要，采集需求也将由“小颗粒”向“大颗粒”、视频采集转变。5G将满足采集内容视频化、高清化的需求；采集频次大幅增长，由天或者小时发

展为分钟级采集，可以实现精准实时采集；另外还有电网和用户间的双向互动。

1.高级计量

高级计量将以智能电表为基础，开展用电信息深度采集，满足智能用电和个性化客户服务需求。对于工商业用户，主要通过企业用能服务系统建设，采集客户数据并智能分析，为企业能效管理服务提供支撑。对于家庭用户，重点通过居民侧“互联网+”家庭能源管理系统，实现关键用电信息、电价信息与居民共享，促进优化用电。

对于未来的居民用户来说，用电采集将不仅仅只和智能电表产生关系，而是以智能电表为基础，连接充电桩、分布式电源和各种家用智能电器，与客户产生更深层次的互动，实现与用户的用电信息等共享。

比如，非侵入式用电负荷检测，通过双向互动实现用户需求侧管理，实现客户对电器的控制。而对于工商业用户而言，高级计量可以分析企业详细用电数据、用电习惯，从而进行能效管理，实现节能增效。

2.智能电网大视频应用

智能电网大视频应用主要包含变电站巡检机器人、输电线路无人机巡检、配电房视频监控、移动式现场施工作业管控、应急现场自组网综合应用五大场景。主要针对电力生产管理中的中低速率移动场景，通过现场可移动的视频回传替代人工巡检，避免了人工现场作业带来的不确定性，同时减少人工成本，极大提高运维效率。

（1）变电站巡检机器人。该场景主要针对110kV及以上变电站范围内的电力一次设备状态综合监控、安防巡视等需求，目前巡检机器人主要使用Wi-Fi接入，所巡视的视频信息大多保留在站内本地，并未能实时地回传至远程监控中心。

而在5G时代，变电站巡检机器人主要搭载多路高清视频摄像头或环境监控传感器，回传相关检测数据，数据需具备实时回传至远程监控中心的能力。在部分情况下，巡检机器人甚至可以进行简单的带电操作，如道闸开关控制等。对通信的需求主要体现在多路的高清视频回传（Mbps级）、巡检机器人低时延的远程控制（毫秒级）。

（2）输电线路无人机巡检。该场景主要针对网架之间的输电线路进行物理特性检查，如弯曲形变、物理损坏等，一般用于高压输电的野外空旷场景，距离较远，一般两个杆塔之间的线路长度在200～500m范围，巡检范围包括若干个杆塔，延绵数公里长。典型应用包括通道林木检测、覆冰监控、山火监控、外力破坏预警检测等。

2019年4月8日上午，东莞联通与东莞供电局通力合作，率先在无人机领域试点

先行。随着东莞地调按下“智能一键操作”按钮，东莞供电局变电运行专业在全国首次应用“5G无人机+程序化操作”试点正式开始，标志着东莞供电局变电运行专业在全国率先实现“5G无人机+程序化操作”。

传统操作模式下，110kV线路操作平均需耗时30min，并且需要2名值班人员到站配合操作，而依托中国联通5G通信通道的5G无人机，在其“高带宽、低时延”的优势助力下，将实时高清视频回传到主控室，配合程序化操作模式，耗时只需5min，全过程无须人工干预。5G无人机根据预设的程序自动实现了工业数据的自动化采集、智能化数据处理，能够自动识别操作步骤，完成设备状态校核，检查是否正确操作，大大提高了工作效率，并且降低作业风险。

东莞联通方面介绍，此次试点结合无人机和5G通信技术配合程序化操作酝酿已久，从无人机定位调试自主巡航、5G通信基站建设到远程控制实施的一一突破，使运维及调度人员不受距离限制，随时随地查看现场情况，无人机实时拍摄回传的高清视频，基本达到现场实景与大屏幕画面同步，真正实现了远程控制、自动巡视的无人化智能变电站。

目前输电线路的巡检主要是通过输电线路两端的检测装置，通过复杂的电缆特性监测数据计算判断，辅助以人工现场确认。目前亦有通过无人机巡检的，控制台与无人机之间主要采用2.4G公共频段的Wi-Fi或厂家私有协议通信，有效控制半径一般小于2km。

而随着无人机续航能力的增强，以及5G通信模组的成熟，结合边缘计算（MEC）的应用，5G综合承载无人机飞控、图像、视频等信息将成为可能。无人机与控制台均与就近的5G基站连接，在5G基站侧部署边缘计算服务，实现视频、图片、控制信息的本地卸载，直接回传至控制台，保障通信时延在毫秒级，通信带宽在Mbps以上。同时还可利用5G高速移动切换的特性，使无人机在相邻基站快速切换时保障业务的连续性，从而扩大巡线范围到数公里范围以外，极大提升巡线效率。如图11-1所示。

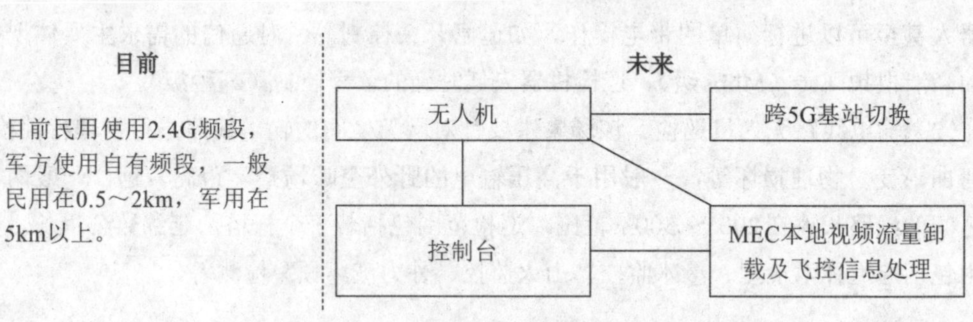

图11-1 5G无人机巡检新模式

（3）配电房视频监控。该场景主要针对配电网重要节点（开闭站）的运行状态、资源情况进行监视。该类业务一般是在配电房内或相对隐蔽的公共场所，是集中型实时业务，业务流向为各配电房视频采集终端集中到配电网视频监控平台。

当前，配电房内的大量配电柜等设备，其各路开关的运行信息多采用模拟指针式，其运行状态及各开关闭合状态仍需人工勘察巡检、手抄记录，同时大量的配电房仍缺乏视频安防及环境监控，光纤覆盖难度大。

而在5G时代，重要配电房节点（开闭站）内可配备智能的视频监视系统，按照配电房内配电柜的布局，部署可灵活移动的视频综合监视装备，对配电柜、开关柜等设备进行视频、图像回传，云端同步采用先进的AI技术，对配电柜、开关柜的图片、视频进行识别，提取其运行状态数据、开关资源状态等信息，进而避免了人工巡检的烦琐工作。在满足智能巡检的基础上，该系统还可完成机房整体视频监视、温湿度环境等传感器的综合监控功能。

（4）移动式现场施工作业管控。在电力行业，涉及强电作业的，施工安全要求极高，该场景主要针对电力施工现场的人员、工序、质量等全方位进行监管，并针对方案变更、突发事故处理等紧急情况提供远程实时决策依据，同时提供事故溯源排查等功能。

目前施工现场的监管主要依靠现场监理，并通过手机、平板等智能终端进行关键信息的图片、视频回传。由于施工现场具有随机、临时的特征，不适合采用光纤有线接入的方案。若采用4G网络回传，在密集城区的施工场地，4G网络的容量受限，往往无法提供持续稳定的多路视频同时回传，在郊外空旷区域，4G网络覆盖难以满足业务接入需求。

未来，利用5G提供的稳定持续的视频回传功能，在现场根据需求临时部署多个移动摄像头对施工现场进行实时监控，在紧急情况下，可移动摄像头聚焦局部区域，提供实时决策，施工完毕后，移动的摄像头可以复用到其他施工现场。

（5）应急现场自组网综合应用。主要针对地震、雨雪、洪水、故障抢修等灾害环境下的电力抢险救灾场景，通过应急通信车进行现场支援，5G可为应急通信现场多种大带宽多媒体装备提供自组网及大带宽回传能力，与移动边缘计算等技术相结合，支撑现场高清视频集群通信、指挥决策。

目前应急通信车主要采用卫星作为回传通道，配备了卫星电话、移动作业等装备，现场集群通信以语音、图像为主，通过卫星回传至远端的指挥中心进行统一调度和指挥决策。

未来，应急通信车将作为现场抢险的重要信息枢纽及指挥中心，需具备自组网能力，配备各种大带宽多媒体装备，如无人机、单兵作业终端、车载摄像头、移动终端等。应急通信车可配备搭载5G基站的无人机主站，通过该无人机在灾害区域迅速形成半径在2～6km的5G网络覆盖，其余无人机、单兵作业终端等设备可通过接入该无人机主站，回传高清视频信息或进行多媒体集群通信。应急通信车一方面作为现场的信息集中点，结合边缘计算技术（MEC），实现基于现场视频监控、调度指挥、综合决策等丰富的本地应用。另一方面，可为无人机主站提供充足的动力，使其达到24h以上的续航能力。如图11-2所示。

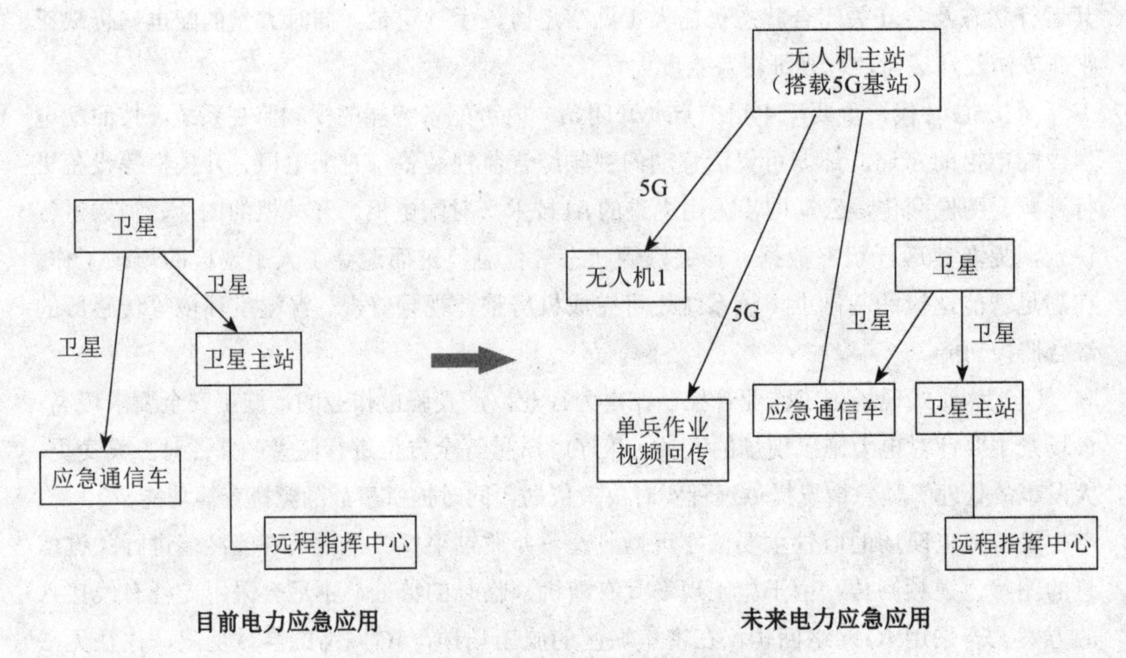

图11-2　应急现场自组网综合应用场景

五、5G在特高压输电领域的应用

除了在普通民用领域外，5G在特高压输电等项目中也大有用处。通常来讲，特高压输电具有输电容量大、距离远、损耗低、占地少等优势，而5G的应用，无疑为特高压输电效果的进一步提升创造了更为有利的条件。与此同时，5G输电基站的建设，也为区域间电力输送提供了必要的基础设施。

【案例一】

中国移动成功打造首个5G智慧电厂

2019年1月30日，中国移动通信集团有限公司（以下称中国移动）携手华为技术有限公司，联合国家电力投资集团有限公司（以下称国家电投）在江西光伏电站完成全国首个基于5G网络的、多场景的智慧电厂端到端业务验证，打造无线、无人、互联、互动的智慧场站，这是5G技术在智慧能源行业应用的重要突破。下图所示为5G巡检机器人。

5G巡检机器人

通过中国移动5G超大带宽、超低时延、超高可靠的网络，成功实现无人机巡检、机器人巡检、智能安防、单兵作业四个智慧能源应用场景。无人机巡检、机器人巡检场景中，国家电投通过位于南昌的集控中心应用平台远程操控位于九江的共青光伏电站无人机、机器人进行巡检作业，电站现场无人机、机器人巡检视频图像实时高清回传至南昌集控中心，实现数据传输从有线到无线、设备操控从现场到远程。智能安防场景中，通过全景高清摄像头，实现场站实时监控及综合环控。单兵作业场景中，通过智能穿戴设备的音视频和人员定位功能，实现南昌专家对电站现场维检人员远程作业指导。

【案例二】

国内首例特高压电力5G应用落地

2019年6月，由中国电信宣城分公司建设的全国首例特高压变电站与5G通信技术结合的泛在电力物联网建设工程在古泉换流站通过验收。测试显示，以基站为中心的十几个典型位置无线传输通道下行速率峰值达到800Mb/s，平均超过570Mb/s，通道上行速率峰值达到160Mb/s，平均超过100Mb/s，均满足设计要求。这是安徽省内的第一座用于电力领域的5G基站，标志着5G通信技术正式运用到特高压电力领域。下图所示为技术人员调试5G信号。

技术人员调试5G信号

特高压古泉换流站位于安徽宣城境内，是新疆昌吉至安徽宣城古泉±1100kV特高压直流输电线路“西电东送”工程的落点。线路途经新疆、甘肃、宁夏、陕西、河南、安徽六省（区），全长3319km，输送容量1200万千瓦，总投资400多亿元，是世界上电压等级最高、输送容量最大、输送距离最远、技术水平最先进的特高压直流输电工程。

特高压古泉换流站通过中国电信5G技术应用实现了站内4K高清监控视频信号的实时回传，以及巡检机器人的远程监控。中国电信5G网络的构建为站内各类监测监控系统和智能运维系统提供了灵活高效、安全可靠的无线接入通道，实现了变电站大带宽、低时延业务的灵活应用，为泛在电力物联网智能感知业务的进一步研究和应用提供了强有力的通信网络支撑。该工程完工并顺利通过各项性能指标测试，验证了特高压变电站内进行5G网络建设的可行性。

【案例三】

广东虎门二桥启用5G技术保障电力供应

虎门二桥项目于2019年3月21日实施全线调试亮灯。在大桥电力供应保障工作中，5G无人机智能巡检应用精彩亮相，这在中国内地尚属首次。

当天18时，虎门二桥项目两座超千米级大桥，在3837盏桥面和景观照明灯的映射下，显得五彩缤纷。

大桥的照明系统由643盏路灯和3194盏景观灯共同组成。通车运营期间，道路照明将定时开启，景观照明将在节假日或特定时段开启。

两座悬索桥共设1540盏星光灯和1628盏投光灯，分别用于勾勒主桥轮廓和凸显主塔及吊索的轮廓。同时，两座悬索桥还设了26盏玫瑰灯，主要作用为向上发散簇状光柱，构造莲花般灯光场景。

在大桥电力供应保障工作中，5G无人机智能巡检应用精彩亮相。在5G网络的支持下，新一代电力应急通信保障车为保电作业提供了一种移动式、高速、即时的数据传送方式。下图所示为5G无人机智能巡检。

5G无人机智能巡检

东莞供电局负责人称，以往无人机巡线人员在作业后，需将记录内容拷贝出来进行分析，费时费力，而通过5G技术，至少压缩了4h的数据人工拷贝时间，提高了保电巡视工作效率。

通过中移互联网有限公司提供技术支持的融媒体平台，人们可收看大桥亮灯直播视频及保电数据回传，零时延、零卡顿，清晰的画质和流畅的收看体验，让人感受到5G相比前几代移动通信技术的优势。

【案例四】

全国首次实现5G陆空一体化电力设施立体巡检

2019年5月15日下午，以天津滨海海洋110kV变电站东江路沿线区域作为5G试点，5G无人机、5G无人车陆空一体化电力设施立体巡检试验成功，标志着在全国范围内首次实现5G无人智能设备输电线路巡检应用。

试验现场，输电线路巡检无人机、无人车通过搭载高清摄像头和联通5G终端，利用联通5G网络超高带宽、超低时延、超大规模连接的优势，实现无人机、无人车巡检高清影像流畅回传至数据中心，管控人员可在后台远程实时控制高清摄像头状态，支撑故障巡检的远程专家决策。下图为后台远程监控视频画面。

后台远程监控视频画面

本次试验实现了基于5G网络的无人智能设备输电线路巡检高清视频的实时回传，这在全国范围内尚属首次。本次试验验证了5G无人智能设备数据传输毫秒级时延，820Mbps以上传输带宽，能够将8K高清视频实时回传，可有效支撑电力远程精细化自主巡检、AI实时缺陷识别等电力巡检应用需求。

12

第十二章
5G与医疗健康

导言

医疗资源分布不均、跨地域就诊难，一直是医疗行业发展的痛点。而5G在医疗行业的应用，将有效赋能远程医疗、医疗影像、急救车载、医院数字化服务及医疗大数据等多方面，切实提升广大患者在医疗健康领域的获得感。

一、5G和医疗健康领域深度融合

5G医疗健康是指以第五代移动通信技术为依托，充分利用有限的医疗人力和设备资源，同时发挥大医院的医疗技术优势，在疾病诊断、监护和治疗等方面提供的信息化、移动化和远程化医疗服务，创新智慧医疗业务应用，节省医院运营成本，促进医疗资源共享下沉，提升医疗效率和诊断水平，缓解患者看病难的问题，协助推进偏远地区的精准扶贫。

2019年7月21日“2019中国（郑州）5G智慧医疗健康发展大会”在郑州开幕，工业和信息化部、河南省人民政府、中国人民解放军总医院、中国工程院等部门相关负责人出席大会。如图12-1所示。

图12-1　2019中国5G智慧医疗健康发展大会

1.5G+医疗健康的意义

在会上，工业和信息化部相关人士强调，5G是信息通信技术的巨大变革，将使得移动互联网从人与人的连接进入到万物互联的时代。4G改变生活，5G改变社会，“5G+”“智能+”对于推动医疗健康行业发展具有重要的意义，具体体现在图12-2所示的两个方面。

将有助于医疗卫生行业大幅提高医疗资源的配置效率，改善患者就医体验，密切医患互动关系，提升医疗服务质量

将有助于推动实现远程就诊、治疗、购药、回访的网络医疗循环服务新模式，推动互联网医疗向全连接的智慧医疗逐步过渡

图12-2　5G+医疗健康的意义

2.5G智慧医疗发展措施

在会上，工业和信息化部相关人士表示，中国推进5G智慧医疗健康发展大有可为。作为信息通信行业和医疗装备行业的主管部门，工业和信息化部将坚持以新时代中国特色社会主义思想为指导，深入贯彻落实党中央国务院的决策部署，围绕医疗领域重点迫切需求，加大关键核心技术攻关，加快智能产品培育创新，促进5G和医疗健康领域深度融合，为推进健康中国战略作出积极贡献。重点抓好图12-3所示的工作。

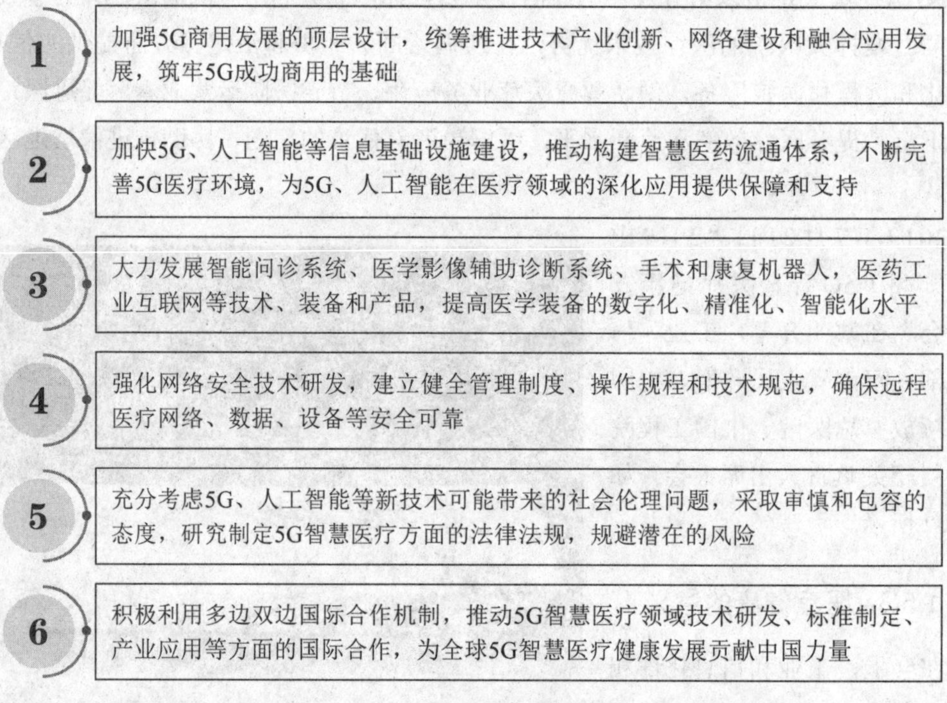

1. 加强5G商用发展的顶层设计，统筹推进技术产业创新、网络建设和融合应用发展，筑牢5G成功商用的基础
2. 加快5G、人工智能等信息基础设施建设，推动构建智慧医药流通体系，不断完善5G医疗环境，为5G、人工智能在医疗领域的深化应用提供保障和支持
3. 大力发展智能问诊系统、医学影像辅助诊断系统、手术和康复机器人，医药工业互联网等技术、装备和产品，提高医学装备的数字化、精准化、智能化水平
4. 强化网络安全技术研发，建立健全管理制度、操作规程和技术规范，确保远程医疗网络、数据、设备等安全可靠
5. 充分考虑5G、人工智能等新技术可能带来的社会伦理问题，采取审慎和包容的态度，研究制定5G智慧医疗方面的法律法规，规避潜在的风险
6. 积极利用多边双边国际合作机制，推动5G智慧医疗领域技术研发、标准制定、产业应用等方面的国际合作，为全球5G智慧医疗健康发展贡献中国力量

图12-3　促进5G和医疗健康领域深度融合重点抓好的工作

二、5G+医疗健康带来的影响

5G技术的特点是超高带宽、极低时延、广泛连接，一旦在医护场景成熟应用，不管是对医生、医院还是患者，以及整个医疗服务提供的环境和体验都会带来显著的改变。

1. 对医院的影响

对医院来说，通过引入以5G赋能的医疗信息化系统、远程医疗系统以及医疗物联网系统为代表的智慧医院模式，可以大大提高运营效率，降低医疗成本，扩大服务内容，创新服务模式，提升医护过程的安全性及可靠性，吸引更多患者在本地就医。

2. 对医生的影响

对于医生来说，通过5G及人工智能技术赋能的VR/AR，可以帮助他们提升专业医护和操作水平，参与身临其境的技能培训。

比如说在做手术的时候，进行远程实时手术导航、远程专家通过混合现实技术给予及时指导等，在有病灶的地方自动识别、分割，并通过增强现实自动地在病人器官上给标示出来等。

3. 对患者的影响

对广大患者来说，它可以减轻患者就医负担，提高患者的就医体验，使随访智能化、便捷化。

比如，可把5G和人工智能加在一起，在病人出院后通过居家监护设备或可穿戴设备持续跟踪其各项生理指标变化、行为方式、用药依从性等，及时进行干预，还可通过VR/AR设备进行实时康复指导等。

相关链接

5G重塑医疗格局

5G不仅是4G的延伸，更是真正意义上的融合网络。技术革新不断推动医疗发展，各地医院纷纷启动5G医疗技术探索，为行业跨越式发展赋能的5G技术，将“重塑”未来医疗生态系统，颠覆当前就诊格局。

1.5G催生新医疗生态系统

5G到来后，高清视频与高清音流等数据的双向传递都不会受到限制。毋庸置疑，将为医疗行业的跨越式发展提供技术革新的赋能，并催生颠覆性的新医疗生态系统。

5G具备了高通量、大带宽、低时延的特点，5G技术对于医疗的发展尤其是远程医疗的发展起到积极助力的作用，有利于缓解医疗资源布局不平衡的矛盾。一些医院尝试着利用5G技术进行远程会诊和远程手术的探索，医务人员反映，利用5G之后，实时的数据图像和声音的传输都非常清晰，没有迟延，反映还是非常不错的。

5G技术的应用在智慧医疗上主要体现为移动医疗设备的数据互联、远程手术示教、超级救护车、高阶远程会诊、远程遥控手术等。5G网络下，诊断和治疗将突破地域的限制，健康管理和初步诊断将居家化，医生与患者实现更高效的分配和对接，传统医院向健康管理中心转型。5G的低时延高可靠的特点能更好地支持连续监测和感官处理装置，支持医疗物联设备在后台进行不间断而强有力的运行，收集患者实时数据。而数据正成为新型的医疗资本，基于此，医院可以向健康管理服务转型，提供不同的远程服务，如日常健康监控、初步诊断、居家康复监测等。

2.5G+医疗开启智慧医疗新时代

总体而言，我国医疗服务发展正处在从“信息化”向“智慧化”过渡的关键阶段，在提升医疗质量和效率，优化区域间医疗资源配置，改善人民群众看病就医感受等方面具有积极意义。5G技术在医疗领域的应用，应遵循基于目前网络技术、医学科学的规律进行科学审慎的探索。

基于5G的医疗整体解决方案已有雏形：提供5G医疗机器人等应用；构建“专属云+私有云”的混合云平台；提供性能成熟、产品丰富的专属医疗云服务等。目前，将名医名术通过云计算、云存储等方式形成未来示教及训练样本，让医学生与低年资医师可观摩模仿、尽快提升自身水平的方式已逐步推广。

专家坦言，5G本身是通信能力，对医疗仅是技术支持，未来人工智能叠加进入后，实现智能读片、智能问诊等都有可能。包括人工智能、5G技术等的医疗应用，还需从国家政策层面制定相关法律法规保障，技术不断完善，政策及时跟上，方可最大程度改善现有医疗格局。

3.物联网连接打破资源不均格局

5G医疗的想象空间还很大。通过5G来连接所有专业设备，中小医院、社区卫生服务中心等随着5G的覆盖、数据传入云中心等，可真正实现同质化诊疗，解决现有医疗资源不均衡状况。专家预计，5G传输将超越光纤的传播速度，代替线缆连接的传输介质，打破空间的界限，将为机器人等带来更广阔的应用与研究，同时可对基层医疗机构进行指导，优质医疗资源进一步下沉。

三、5G在医院的部署

5G在医院的部署是一项复杂的系统工程，需要经过一系列的科学论证，选择合适的医院、恰当的方式、合理的部署区域、符合条件的科室等，只有通过通信设备供应商、电信运营商、医疗器械供应商以及医院的共同协作，才能推进5G在医院的应用试验。

1.网络建设路径

目前，5G通信网络建设有新建和改造两种方式，如图12-4所示。

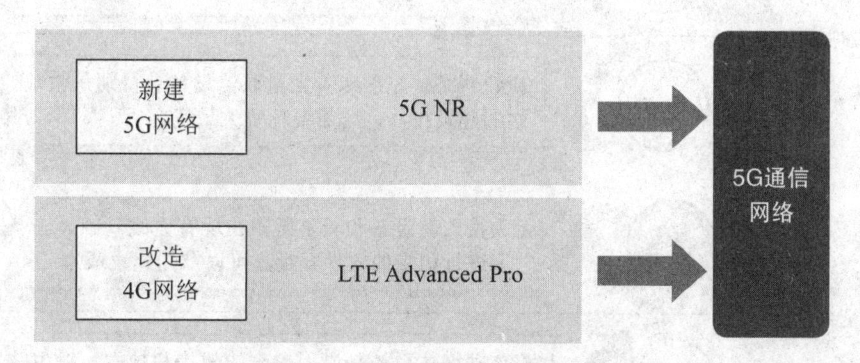

图12-4 5G通信网络的两种建设路径

（1）新建5G网络。新建即是根据5G的通信要求建设一个全新技术和架构的5G NR，而无须破坏现有的网络基础设施。5G NR是一个新的无线接口，它将支持革命性的数据传输量、容量和效率提升。

第一，其在6GHz以上频率的毫米波通信，获得了更多的新频谱资源。根据3GPP关于第一版5G NR标准（Release 15），其定义的全球频谱范围已经到了52.6GHz，并在100GHz范围内寻求更多频谱，极大地拓展了通信的容量。在应用端，毫米波要求匹配与之相适应的通信设备，需要新的技术和产品架构设计，这也将为医疗设备的设计研发带来新的挑战。

第二，5G NR大规模天线基站普遍采用波束赋形技术，基站可以通过波束迅速找到有通信需求的终端设备，然后通过业务波束信号在通信设备之间建立信息交互业务。

第三，5G NR使用CP-OFDM的波形并能适配灵活可变的参数集，可以将不同等级和时延的业务复用在一起，并允许毫米波频段采用更大的子载波间隔，能够在同一时间传输更多信息量。

第四，5G NR的核心网络设计灵活、智能以及可重配，让运营商能够动态优化对某一业务或区域的网络参数配置，满足不同业务类型对通信网络的需求，提高用户体验的同时降低网络的运营成本。

（2）改造4G网络。改造主要是基于4G移动网络宽带的提升，是LTE Advanced

Pro Release 14的演进版，通过对LTE Advanced Pro进行再次改造升级来满足5G的通信要求，它是3GPP在2015年举行的PCG第35次会议上正式确定的LTE新标准。LTE Advanced Pro Release 14的许多功能都能够满足5G网络的通信要求，如一致的用户体验、无缝切换、低成本高覆盖以及低功率广域应用对较长电池寿命的要求等。

通过上述分析，可以看出这两种建设路径的优缺点如图12-5所示。

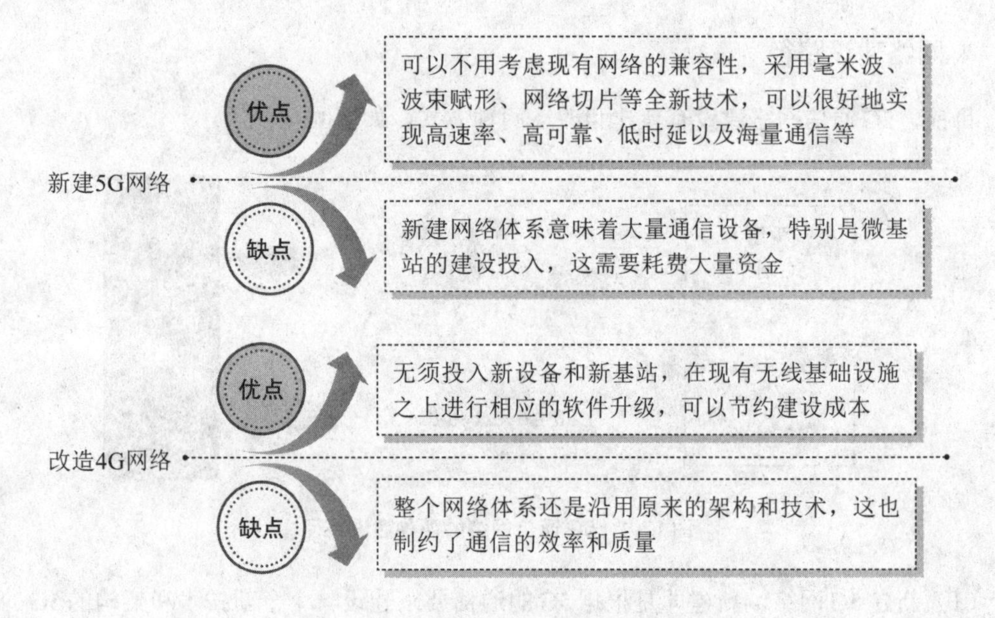

图12-5 通信网络两种建设路径的优缺点

目前来看，医院进行5G网络试验都是采用新建5G NR的方式，以确保在真实水平的5G网络环境下，能够为医疗带来某些方面的实质性变化和效率的提升程度。

2. 网络部署流程

在医院进行5G网络部署是一个复杂的系统工程，需要经过签订协议、勘察选址、网络建设、网络调试、场景应用等环节，才能实现5G+医疗健康的落地应用。如图12-6所示。

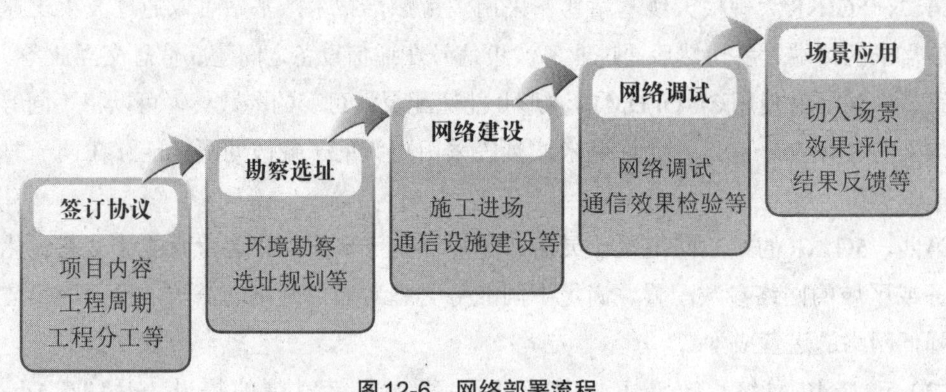

图12-6 网络部署流程

在5G+医疗健康试验的初期，医院都是保持开放容纳的心态，欢迎国内有实力的通信设备供应商、电信运营商前来洽谈合作，在医院部署5G网络，为相关医疗场景的应用搭建基础设施。而电信运营商也会和通信设备供应商合作，共同为标的医院建设5G网络。作为试验期，一般会选择医院的部分区域或部分科室作为5G的试验区，电信运营商会根据医院的基础条件和参与意愿进行选址规划。

比如，中国科技大学附属第一医院就拿出一整栋楼宇作为5G试验区域，由安徽电信负责5G通信网络建设。

工程的施工难度主要取决于部署区域的范围和建筑结构，5G网络设施主要包括室外的基站建设和室内的微基站安装。通常情况下，室内站的建设数量远远多于室外站的数量，为了达到最好的通信效果，可能在每个楼层都要安装一定数量的微基站。在整个网络基础设施建设好后，就需要对5G网络进行一系列调试，检验网络通信质量是否达到相关应用要求。在达到要求后，就可以将相关医疗场景（如远程监测、移动护理、远程诊断等）置于5G网络环境中开展，并与以前的通信效果进行对比评估，将相关结果反馈给电信运营商，以便于做进一步的改进。

微视角

医院部署5G网络属于重大工程，建设周期一般不会超过2个月，有些医院的5G网络建设甚至在一个月内就能完成。

3. 主要参与主体

参与医院5G网络部署的主要有四大主体，如图12-7所示。

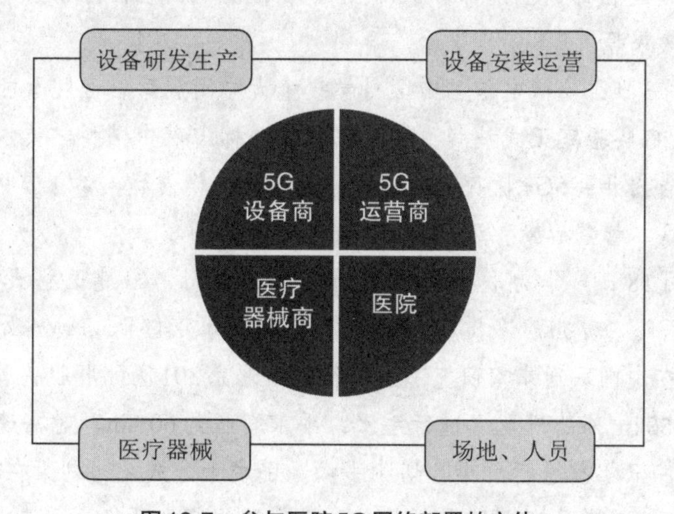

图12-7　参与医院5G网络部署的主体

图12-7所示说明：

（1）5G通信设备商主要负责设备的供应和相关网络的建设，主要包括天线、射频模块、小微基站等设备和传输网、承载网、核心网的建设，这些企业处于整个5G产业链的上游。

（2）5G运营商主要负责医院相关5G设备的安装、运营以及维护等工作，而且承担了整个5G网络的建设投资，通常都是几百万元的投资，其中室内站的投资超过2/3。

（3）医院主要是提供5G试验所需的场地、医务人员及患者，为那些置于5G环境的医疗场景试验提供必要的人力、物力和财力支持。

（4）医疗器械厂商根据5G的通信要求，对相关医疗设备进行升级改造，包括多功能检测仪、心电图机、超声仪、可穿戴设备等。

5G的高带宽、低时延和海量连接，可以实现生命体征数据、影像检查资料、电子病历等大量医疗数据的快速传输，可以实现医生与医生、医生与患者的高清视频通话，可以实时全面展现患者的生命状态，后方专家可以精准指导一线医生对患者实施急救。5G的不同性能可以满足不同医疗场景的通信要求，部分医院已经通过与通信设备商、电信运营商等合作在医院部署5G通信网络，推动移动医疗事业的发展。

相关链接

5G+医疗健康应用大事记

目前，5G在医疗健康领域尚处于试验测试阶段，中国移动、中国联通、中国电信三大运营商通过在部分医院部署5G网络环境，尝试其在医疗场景的应用方式、应用流程、应用效果等。

2019年1月3日，安徽电信、中国科学技术大学附属第一医院及相关厂家联合成立的智慧医院5G实验室正式挂牌，实验室的成立标志着中国科学技术大学附属第一医院将率先在省内开展5G+医疗试验，根据公布的合作内容，参与方将共同在智慧手术室、智慧病区、智慧后勤、远程医疗等场景开展应用。

2019年1月18日，华为联合中国联通福建分公司、福建医科大学孟超肝胆医院、北京301医院、苏州康多机器人有限公司等成功实施了5G远程外科手术动物实验。这次手术在中国联通东南研究院内进行，由北京301医院肝胆胰肿瘤外科主任刘荣主刀，操作50km外的机器人进行手术，手术全程约60min，对福建医科大学孟超肝胆医院内的一只小猪进行肝小叶切除手术。手术十分成功，刘荣在术后对5G网络给予了高度评价："基于5G网络的操控体验、高清视频，已经达到与光纤专线一致的体验。”

2019年2月21日，中国电信武汉分公司与武汉大学中南医院签署5G战略合作框架协议，双方将基于中国电信5G、云和光纤网络的组合优势开展智慧医疗领域的创新应用与深度合作，打造全国首个5G云网融合智慧医疗示范项目。

2019年2月24日，北京移动携手华为完成了中日友好医院5G室内数字化系统部署，为移动查房、移动护理、移动检测、移动会诊等应用提供了5G网络环境。

2019年2月26日，成都市第三人民医院超声专家周鸿主任通过5G与近百公里以外的蒲江县人民医院医生共同为病人进行了一场远程超声会诊。在本次远程会诊中，周主任与县医院医生之间能够实现高清、流畅的视频语音实时沟通，基于5G的高带宽，使得远程超声诊断系统与近端超声检查图像质量高度一致，极大提高了会诊的准确率。

2019年3月，河南移动在郑州大学第一附属医院完成5G试验基站部署，而且华为Wireless X Labs也参与了此次试验部署。相关5G基站将主要为远程会诊、远程B超、移动查房机器人等医疗场景提供服务。

2019年3月16日，中国人民解放军总医院在中国移动及华为公司5G网络技术支持下，成功实施了全国首例基于5G的帕金森病“脑起搏器”远程手术。中国人民解放军总医院第一医学中心及海南医院神经外科凌至培主任在三亚市，在5G网络环境下，对北京解放军总医院的手术器械进行精确度以微米计的操控，成功将“脑起搏器”的电极植入一名帕金森病患者脑部的最佳靶点。

2019年4月3日，由广东省人民医院心外科郭惠明医生团队通过5G技术远程指导高州市人民医院心外科何勇医生团队进行了胸腔镜下房间隔缺损补片修补术。此次远程手术指导是在高带宽低迟延5G网络通信环境下进行的高清手术影像传输，实现了广州-高州两地低时延直播。

2019年4月5日，在第4届国际心脏病学会年会上，北京阜外医院专家吴永健教授及其团队受邀在合作医院——青岛阜外医院成功进行了心脏介入手术，并通过中国联通5G网络进行了手术直播。

2019年4月11日，上海联通携手华山医院打造的沪上首家5G智慧医疗应用示范基地揭幕，同一天，通过联通5G技术对20km外的华山医院西院手术室的两台远程手术进行了4K高清即时直播。

2019年5月28日上午，中国医科大学附属第一医院泌尿外科利用视频融合等技术，成功完成了5G网络环境下，达芬奇机器人辅助微创手术过程中的实时模拟远程手术指导会诊和远程教学。

2019年6月28日，MWC19上海5G峰会上进行的实时5G远程手术指导在紧张进行中。凭借中国移动提供的5G网络连接，在患者完全同意的情况下，巴塞罗那临床医院胃肠手术服务负责人Antonio de Lacy博士在上海新国际博览中心的场馆里，为上海东方医院手术室提供了远程实时指导。这是首次在中国进行的实时5G远程手术指导演示。

2019年7月3日，江苏省人民医院浦口分院与江苏省人民医院本部联合成功实施首例5G+MR（混合现实）远程实时乳腺手术。

2019年7月5日上午，武汉同济医院的专家医生通过5G+AR技术，成功实现了远程协同介入手术。远在“千里之外”的枝江市人民医院借助悉见XMAN AR眼镜，将手术实况实时回传至武汉同济医院，并在同济医院心内科专家的指导下顺利完成了冠脉介入治疗。

2019年7月17日，武汉协和医院骨科叶哲伟教授团队，对600公里之外的咸丰县人民医院骨科主任蒋业平发出指令为患者病灶处精准植入6颗螺钉，成功完成手术。这是我国首例利用5G+MR+云平台（混合现实）实施的远程骨科手术。

2019年7月18日上午，在广西壮族自治区东兴市妇幼保健院手术室内，医务人员通过5G网络技术远程协同手术系统，在相隔200km外的广西妇幼保健院专家指导下，成功完成了一例子宫肌瘤剔除手术。

2019年7月29日上午，吉大一院“5G-MR”腹腔镜胰十二指肠切除术远程手术交流成功开展。通过5G网络和MR（混合现实技术）的成功完成，不仅首次实现长春、哈尔滨两地远程手术交流，更标志着吉林省首例医疗与5G技术、人工智能完美融合。

2019年7月31日，淄博市中心医院与淄博市联通公司举行5G战略合作签约暨5G智慧医疗中心揭牌仪式。双方将携手推进5G智慧医疗新模式的探索与实践，推动5G、物联网、云计算、大数据、人工智能等新兴技术与医疗行业的深度融合，共同打造更好服务公众、更佳利用医疗资源的新一代智慧医院。

……

四、5G+医疗健康应用场景

1.无线监测

无线监测是指通过生命体征监测仪或可穿戴智能设备对患者的血压、血糖、心率等进行实时、持续的监测，并将这些体征数据通过无线通信的方式传输给医护人员。

无线监测主要是针对术后患者和突发性疾病患者，术后患者在康复过程中容易出现术后并发症，病情变化风险大，需要实时动态对其进行监测。突发性疾病患者特别是冠心病和脑卒中患者，通过无线监测可以实时掌握其活动情况，发生异常情况可以第一时间展开急救。

无线监测需要持续、实时、动态地反映被监测者的生命体征情况，能够将分析处理过的数据传送到医护人员显示终端，以便实时掌控其情况。特别是针对突发性疾病患者，无线监测的报警时间直接影响患者的抢救响应时间。

5G技术除了可对患者生命体征进行监测外，还可以实现对部分设备的控制。

比如，在无线输液监测中，基于5G网络的无线输液管理系统，可以通过输液监测器等物联网设备，对患者的输液进度进行实时动态监测，由于5G的低时延性，如果发生跑针或输液快结束时，能够快速向护士报警，护士就能够第一时间前来处理，就可避免医疗事故的发生。如图12-8所示。

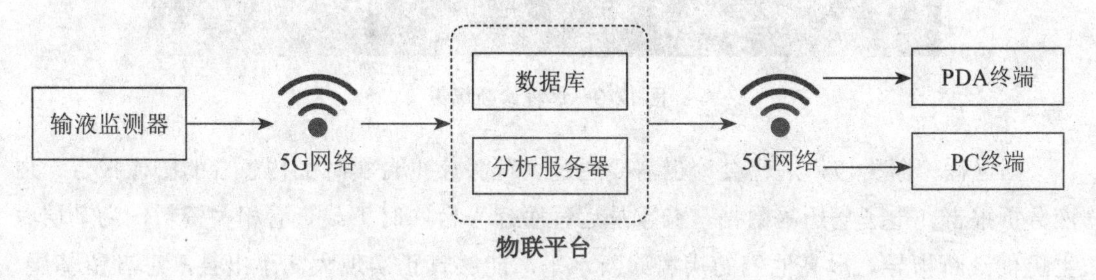

图12-8 5G网络下的无线输液示意

2.远程诊断

远程诊断是指利用通信网络系统，邀请方医疗机构通过向受邀方医疗机构提供病患临床及CR、DR影像资料，由受邀方出具诊断报告，包括远程影像诊断、远程心电诊断、远程超声诊断、远程病理诊断等。在整个诊断过程中，由邀请方将相关检查检验资料上传到远程医疗平台，三甲医院专家通过移动端从远程医疗平台获取相关资料并且根据这些资料出具诊断报告，再将这些报告回传到远程医疗平台供邀请方和患者使用。

远程诊断中电子病历、诊断结果等的传输速率在200kbps，现有网络基本上能够满足。但是CR、DR、MRI等影像资料和B超资料的通信速率要求在13Mbps，而现有网络的速率在10Mbps，导致影像资料的传输时间过长，要耗费专家几分钟时间才能完成下载，影响了诊断工作效率。5G相比传统的基础通信设施，其传输速率能够达到1Gbps，能够以更高上传和下载速率为数据传输带来便利性。医疗专家不管是在办公室还是在外出差，都可以享受极速下载，随时查看患者资料。而且5G的高可靠性还能保证在院外传输医疗数据，避免出现被盗取的危险，保护患者的隐私安全。

3.远程会诊

远程诊断是指借助通信网络，邀请方和受邀方通过远程视频系统共享医学资料，对患者的病情进行会诊诊治。如图12-9所示。

图12-9 远程诊断场景

同远程诊断类似，远程会诊也需要通过远程医疗平台实时上传患者的影像报告、血液分析报告、电子病历等数据，专家从远程医疗平台实时下载查看相关资料，为基层医生提供诊断指导，提高他们的疾病诊断水平，能够真正实现大病不出县，患者留基层。如图12-10所示。

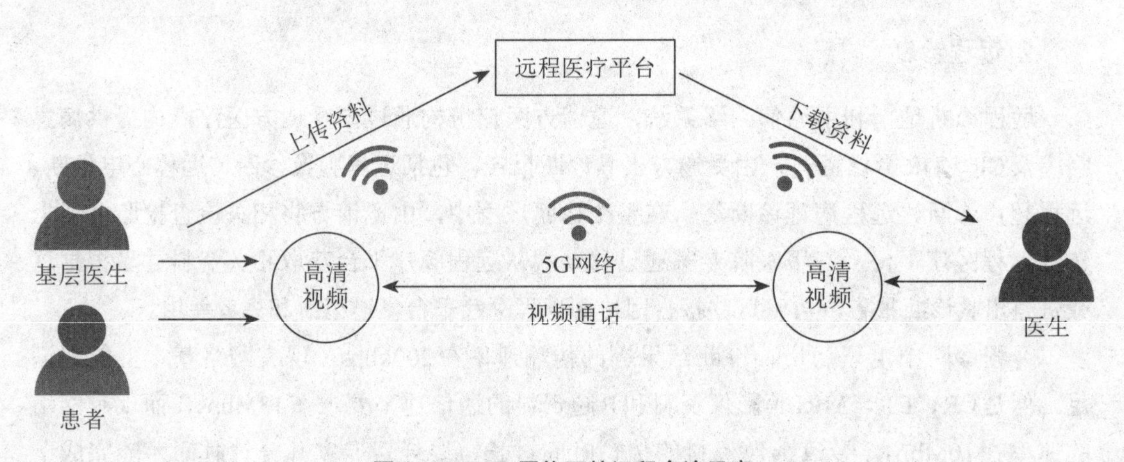

图12-10 5G网络下的远程会诊示意

远程会诊过程中，主要涉及高清视频通话和资料共享，在现有网络条件下，可以配置1080P的高清视频设备，但未来随着4K等超高清视频设备的应用，其传输速率在20Mbps，现有网络将无法满足。而5G的数据传输速率能够达到1Gbps，为基层医生、专家、患者之间进行超高清视频通话提供技术保障，而且专家在视频过程中，还能实现秒速下载患者资料。同时5G的低时延性保证了彼此之间通话的实时性，不会感觉到通话延迟，提供了沟通的顺畅性和高效性。

4. 移动查房

移动查房是指医生在查房过程中使用手持移动终端通过无线网络连接医疗信息系统，实现电子病历的实时输入、查询或修改，以及医疗检查报告快速调阅的一种查房形式。

虽然目前的网络条件已经实现了医生与患者的在线交流，移动设备上也集成了在线查询生命体征数据、心电图等功能，但却存在医疗数据量大、传输不稳定、数据易泄露等风险，难以实现相关资料的实时采集和实时传输。而5G网络的相关性能能够较好地解决相关痛点，高宽带可以有效解决医疗数据传输量大（比如CT影像、超声影像、CR/DR影像等）、传输不稳定的情况，高可靠性可以有效避免相关数据在传输过程中的泄露问题。另外，医生可以一边查房一边实时下载或查阅患者资料，为下一步诊疗决策做准备。

5. 虚拟示教培训

虚拟示教培训是指青年医生借助VR/AR设备，在培训专家的远程或现场指导下，进行相关的医学治疗操作，特别是手术虚拟示教培训成为医院提升青年医生技能的重要手段。AR/VR手术培训属于强交互应用场景，用户可通过交互设备与虚拟手术环境或者现实环境进行互动，使接受培训者能够感受到虚拟环境的变化，沉浸感更强。如图12-11所示。

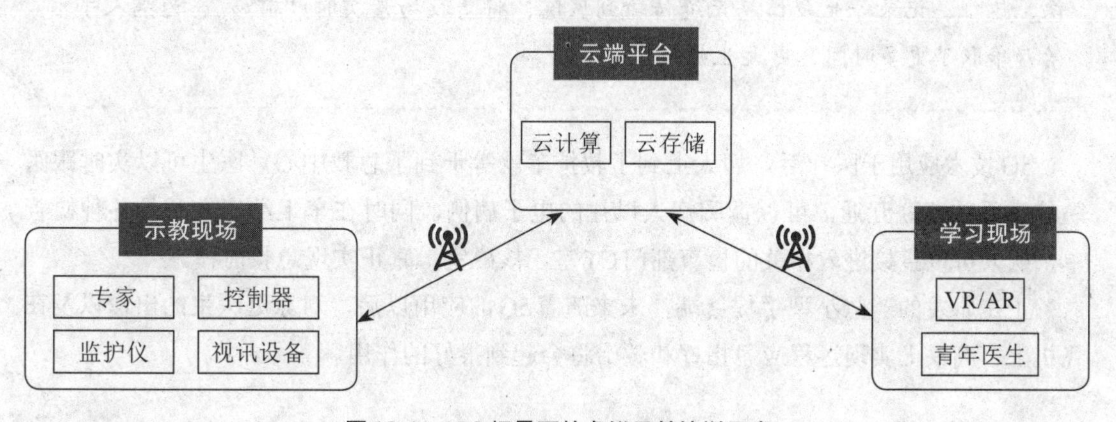

图12-11　5G场景下的虚拟示教培训示意

强交互VR/AR对带宽和时延提出了双需求，沉浸感的提升依赖于画质分辨率、渲染和交互处理速度、数据传输速度的全面提高，特别是数据传输速度的提高对强交互VR/AR的体验效果尤为重要。根据VR/AR的四个发展阶段，对数据的传输速率和传输时延要求在逐步提高，传输速率从25Mbps提高到1Gbps，传输时延从40ms缩短到10ms。现有的通信网络条件无法满足相应要求，经常使得佩戴者出现人体眩晕现象，导致舒适性和获取性较差。而5G的速率一般都在1Gbps，高峰值甚至可以达到10Gbps，而其时延通常在10ms以内，能够很好地满足AR/VR手术培训要求，营造高度沉浸式的体验环境。

6. 移动急救

“谁刚刚在现场？病人现在什么情况？”这是在4G网络环境下，急救车转运患者到急诊科后，接诊医生问的第一句话。5G环境下，这样的沟通方式全变了。

从急救车到达患者身边那一刻起，一路上，患者的体征数据、监护影像以及现场的环境和施救过程等，都会以视频的形式以“毫秒级”速度实时传到医院。这意味着，急救车还没到，急诊科医生就能制定救治方案，甚至手术室和配置已经准备好了，为患者赢得了宝贵的抢救时间。

在5G条件下，原始医疗数据可以即时存储、分析和归档，对提升全国乃至全球急救诊疗水平都有着重要意义。

“6·17”四川长宁县地震牵动国人心弦，5G医疗也在这场地震中登场，首次被运用于地震救援中。2019年6月18日下午，在成都的四川省人民医院医生，通过灾区的5G医疗救护车，为长宁地震中的两名伤员进行远程会诊。医护人员利用迈瑞医疗设备第一时间完成了伤员验血、心电图、B超等一系列检查，并通过5G网络将医学影像、体征、记录等生命信息无缝传输到医院，将急救场景实时“前移”，为病人手术治疗争取了更多时间、更大生机。

5G技术应用于医疗后，病人上到了救护车就等于到了急救中心。医生可以实时跟医院信息系统互联互通，可以调阅病人以往的电子病例，同时在车上给病人开具各种检查单，病人可以直接进入相关的检查部门CT室、核磁室，真正实现急救前移。

正在研发的一些小型手提终端，未来随着5G的应用以后，对家庭医生的出诊以及在飞机上、高铁上实现远程应急指挥和救治将会起到很好的作用。

7. 导航定位

为用户提供导航定位服务，主要包括院内导航和城市导航。

（1）院内导航。院内导航就是就诊指引，指根据患者的需要实时显示挂号处、就诊室、检查检验室、缴费处等信息，并为其制定到达路线，缩短患者找寻时间，提高患者就诊体验。目前的院内导航主要依靠GPS定位，定位精度不高，无法满足室内定位需求，要实现精准的室内导航，需要几米甚至1米以下的定位精度，甚至还要能够分辨楼层。面向5G的高精度融合定位技术能够准确地识别用户所处的环境，并结合实际情况选取合适的定位系统。“融合定位”是5G高精度定位的主要趋势，室内环境采取Wi-Fi融合带内信号、PDR的方式，存在超宽带（UWB）的环境优先采用UWB方式。

（2）城市导航。目前的GPS导航系统，是一种2D平面下的定位和路线指引，未考虑周边环境对导航的影响。未来，导航系统可以在跟踪设备上实现音视频的同步传输，除了对位置和方向进行指引外，还能通过影像的分析对导航进行纠正，防止突发情况的出现。

比如达阔科技的导盲头盔，通过对周围声音和图像（建筑、汽车、路障等）的采集，上传云端进行AI计算分析，然后将分析结果转化为声音指令，引导盲人在城市中穿行。如图12-12所示。

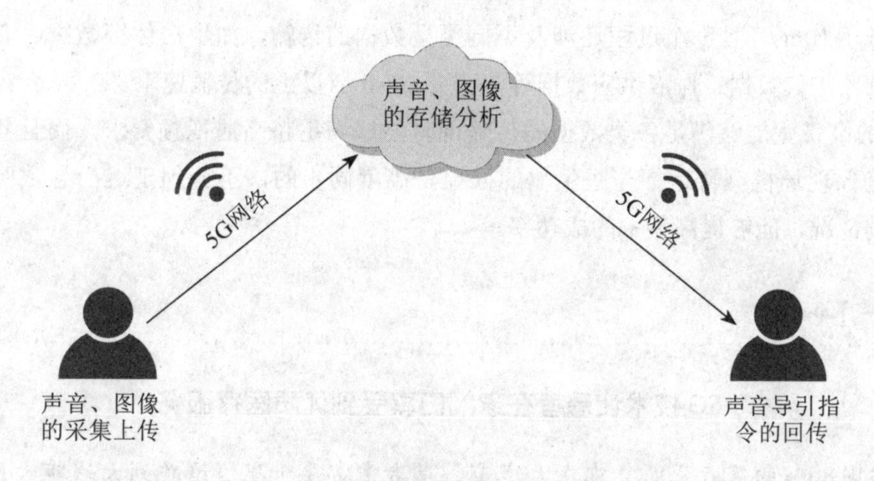

图12-12　5G网络下的盲人导航示意

导盲头盔系统与AI技术相结合，能够实现AI导航，其数据传输速率要求在30Mbps，传输时延在20ms以内，现有网络无法满足上述条件，而5G的高带宽和低时延能够实现。

8.远程机器人超声

远程机器人超声是基于通信、传感器和机器人技术，由医疗专家根据患者端的视频和反馈信息，远程操控机器人开展的超声检查医疗服务。该类超声检查无须指派专业医生到现场，只需护士提供设备仪器安置工作即可，主要由医疗专家在远程操控完成。

远程机器人超声涉及操作摇杆控制信号和反馈触觉信号两路视频信号，还包括医生视频、患者视频、B超探头影像等。在现有网络环境下，分别率只能够达到1080P，超声影像的清晰度仍需要进一步提高，以便为医生诊断提供更好的参考数据。当分辨率达到4K时，超声影像能够更清晰地展示检查部位的情况，医生观察效果更佳。这些都需要高带宽、低时延的网络做保障，才能较好地解决机械臂的灵敏度自适应、操作指令的实时传输、超高清视频语音的实时传输以及B超影像的动态传输等问题，这些正好是5G性能优越性的集中体现。

9. 远程机器人手术

同远程机器人超声类似，远程机器人手术也是基于通信、传感器和机器人技术，由医疗专家根据手术室的视频和反馈信息，远程操控机器人开展手术治疗服务。

虽然目前部分医院已经引进了手术机器人（如达芬奇手术机器人），但是目前的通信设施无法满足其大量数据的传输速率和传输低时延要求，不适宜开展远程机器人手术治疗。远程机器人手术过程中医生需要佩戴3D眼镜等设备，实时观察手术现场画面，相应的设备要求数据传输速率在25Mbps，才能够保证将手术现场情况全方位展现在医生眼前。同时，手术过程中医生操控机械臂进行手术作业，其传输速率要求在20Mbps，传输时延低于10ms，且整个过程还涉及不同类型数据的传输，如生命体征数据、心电图数据、除颤监护仪数据、血液供应数据等，需要20Mbps以上的传输速率。

5G的高带宽能够满足各类数据的传输同时能够满足超高清视频要求，而且其低时延性能够确保现场机械臂运行与医生端的操控是高度同步的，不会因延迟而导致医疗专家出现误判情况，能够提高手术的成功率。

【案例一】

5G技术让患者在家门口享受到优质医疗服务

中国80%的医疗资源集中在大城市，患者常常要千里迢迢跑到大城市大医院就诊。郭惠明认为，拥有超高速的5G无线网络技术将构建新的远程医疗模式，让患者在家门口就享受到优质的医疗服务。

2019年4月3日，广东省人民医院的郭惠明率先运用5G网络技术，实时指导400km外的县医院医生为当地患者做心脏微创手术。

1. 远程指导

在将近4个小时的手术中，这位心外科专家西服革履，始终坐在一块大屏幕前，手中不时翻转一个3D心脏模型，并通过麦克风与屏幕中的人对话。如下图所示。

以前，郭惠明难得这么从容，他要开车几小时到外地为当地患者做手术，然后又要马不停蹄地回到广州治疗自己的病人。他的团队2018年共完成700多例微创手术，平均每天就有一到两例。

心脏微创手术难度极高，要求医生不穿过胸骨，在肋骨之间操作，因为创伤小，患者疼痛感轻、恢复快。

广东省人民医院院长余学清称医院门诊大厅像“超市一样热闹”，每天都有成百上千人涌入。他认为，人流如此密集，不仅会降低病人的就诊体验，还会增加传染病的风险。对于来自偏远地区的患者，跋山涉水地看病更增加了风险。

通过大屏幕实时进行手术指导

以前，医院开展远程医疗的频率不高，且主要是电话或视频会诊，原因之一就是通信技术不佳，信号不稳定、传输速度慢、图像不清晰。

“没有5G的时候，我们可不敢进行远程手术。”余院长说。“任何设备和主刀医生之间的小延迟，哪怕只有几秒钟，都可能给手术带来致命性差错。”

2.服务改善

比4G快10～100倍的5G技术，仅有十分之一秒的时间延迟。

郭惠明指导的5G远程手术由华为公司和广东移动提供技术支持。手术室在高州市人民医院，距离广州有6个小时的车程。郭惠明在广州实时观看并提供指导。

病人是一名患有先天性心脏病的女性。郭惠明用电子画笔在屏幕上画一个圈，对应患者身体上的一块区域。他通过麦克风告诉手术医生，需要将创口位置向上移动3cm以防伤害到患者的其他神经组织。

如果没有5G，网络出现延迟，这一提示无法及时传达，就会给手术带来风险。

由于县医院目前没有能力建3D模型，手术前的两个星期，郭惠明还利用5G网络，用患者的CT图像建立了一个3D打印的心脏模型，以清楚地看到病人心脏缺损位置。5G环境下，CT图像的下载从过去的几个小时缩短至几分钟。

在他看来，5G远程医疗的好处是让基层医务人员更快掌握高难度手术。在高州，当地医务人员鲜有机会向大医院的医生学习，每年医院只有四五例手术能邀请到广州的专家来完成。

5G远程医疗提供了交流的机会，也帮助县级医院吸引和留住更多患者。

医院心外科副主任医师何勇算了一笔账：这台5G手术在县医院完成，治疗费约2万元人民币；若邀请广州的专家来当地做，那患者要再缴1万元左右的会诊费；如果去广州做手术，治疗费用至少是4万元，此外还有往返广州的路费和家属的陪住费。

何勇说，5G远程医疗让患者就近享受到了大医院专家级的诊疗，且不向病人收取额外的费用。

【案例二】

全球首例5G+机器人远程手术成功实施

“手术成功！”2019年6月27日10时45分，北京积水潭医院宣布全球首例骨科手术机器人多中心5G远程手术顺利完成。当天，在机器人远程手术中心，该院院长田伟在5G技术的支持下，同时远程操控分别位于浙江嘉兴和山东烟台的两台天玑机器人，完成了两台跨越千里的手术。这次手术标志着我国5G远程医疗与人工智能应用达到了新高度。下图为北京积水潭医院指挥现场。

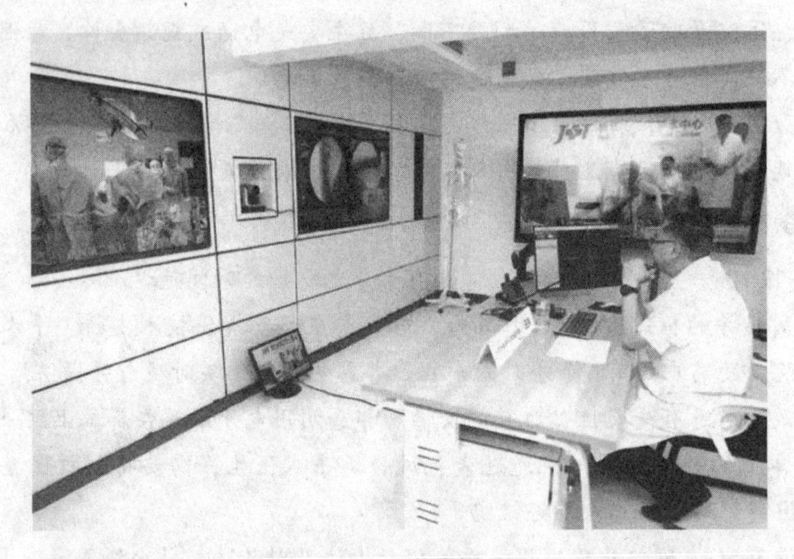

北京积水潭医院指挥现场

8时，田伟早早坐在电脑前，通过远程系统控制平台与嘉兴市第二医院和烟台市烟台山医院连线，结合两位患者病情，仔细规划着两台异地手术的步骤和路径。从远程传输过来的视频中可以看到，远在烟台和嘉兴的手术室里，医生们正在忙碌地进行手术前最后的准备工作。

9时左右，随着田伟在电脑前点击“确定”，千里之外两家医院的两个骨科机器人挥动着机械臂开始手术，全球首例骨科手术机器人多中心5G远程手术正式开始。这次全球范围内的首次多中心远程实时骨科机器人手术，得到了中国电信5G网络和华为通信技术支持，并创新性地将骨科手术及AI人工智能和5G技术相结合，同时开展“一对多实时手术”模式。该手术由田伟同时指导嘉兴和烟台两地手术室医生，对病人进行手术。

两个病人都是脊椎骨折。根据患者的病情，田伟通过天玑骨科手术机器人平台分别进行了远程手术规划，并操纵机器人交替进行着两台手术的精准定位。

9时15分，嘉兴那名腰椎骨折患者顺利植入了第一根椎弓根导针，并沿着导针准确打入第一颗螺钉……手术过程中，信号传输流畅，没有因为上千里的距离出现信号卡顿、处理不及时、反馈迟钝等情况。5G网络高速率、大连接、低时延的典型特征，在这次远程手术中得以充分展现。下图为烟台手术室现场。

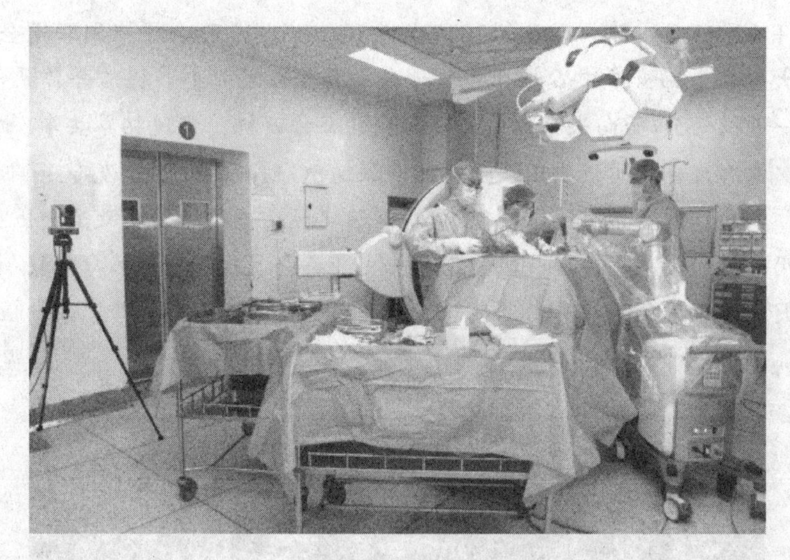

烟台手术室现场

手术三维定位脊椎螺钉固定是这次手术中最为关键的步骤。9时40分，在田伟切换自如的远程操作下，两台机器人共精准植入12根椎弓根导针。随后，又打入了12颗螺钉，定位准确无误。虽远隔千里，却真正实现了火眼金睛、缩地成寸的人类梦想。

10时45分，手术圆满成功。

“远距离指挥机器人精确、实时运动，是一次非常具有挑战性的尝试。这在过去没有5G的时代，可以说是很难实现的。只要有一点点误差和延时，患者都会非常危险。”手术后，田伟在接受采访时表示，此次手术不同于过去远程视频会诊指导手术和远程手术规划，而是通过5G传输技术，变“遥规划”为“遥操作”。这真正实现了远程操控骨科手术机器人精确、实时手术，而且还是同时在两地进行两台手术。“我每点击一次鼠标，画面那头的机器人就会按照我的指示去运动，完全就跟在我面前一样。”

这次具有划时代意义的手术，将距离缩短为零，实现了患者在家门口就能享受到高质量的医疗服务，将对我国分级诊疗制度落地及智慧医疗建设具有重要意义。在人工智能新时代，随着医疗及各产业的深度融合，智慧医疗将为广大患者带来更多更好的医疗服务和就医感受。

【案例三】

中国联通发布5G医疗急救产品

2019年4月23日，万众瞩目的2019上海5G创新发展峰会暨中国联通全球产业链合作伙伴大会在上海世博中心拉开帷幕。本次大会在吸引更多优质合作伙伴的同时，也将与其一道探索5G面向未来垂直行业领域的合作商机，实现拓界共享、跨界共生、无界合作。本次大会期间，中国联通集团与联通5G创新中心联合发布了“基于5G的医疗急救”产品，该产品通过中国联通5G网络实现急救现场、急救车和医院/急救中心三大应用场景的设备全连接、数据全共享、业务全贯通。“5G医疗急救”新模式的建立，极大地缩短了危急病患的急救时间，提高了救治效果，提升了急救医疗机构的患者好评。如下图所示。

5G移动急救整体产品

在急救现场，救护人员将获取的患者第一现场的生命体征及音视频画面通过5G急救背包产品可实时传输到云端，实现急救/急诊的“预检分诊”，实现宝贵的急救资源按病症紧急程度分配，提高急救的效率。在急救车转运途中，基于5G网络实时传播急救车内的超高清音视频实况和患者生命体征监护数据，使急救中心和医院能够提前制定急救方案，可为患者争取到宝贵的30～60min急救时间，降低了患者突发急症可能导致的严重后果，极大地提高了急救治疗效果。专家医生基于5G网络可实现远程高清视频会诊和远程指导，第一时间给予一线救护人员专业的急救指导，保障患者在最短时间内得到有效救治。通过智能影像辅助决策平台，利用5G网络实时将车内CT等影像信息传输至后端，基于AI算法快速辅助判断患者病情并将结果反馈至医院和急救中心，多方同步协作开展医疗资源调度，为患者争取黄金救治时间。

患者抵达医院急救中心后，可基于5G网络向上级医院和专家发起实时超高清手术会诊请求，远端专家在5G网络大带宽和超低时延的支持下，可基于各项连续监测的生命体征数据，以及手术现场、手术术野、内窥镜等医疗设备的实时超高清画面，在AR/VR技术的支持下，可对现场主刀医生进行远程实时手术指导，提高疑难病例的手术效果，进而提高接诊医院的医疗水平和患者口碑。

急救云平台根据部署位置可采用5G边缘云技术，内嵌医疗监护设备管理系统、急救车会诊系统、手术室会诊系统等，并将接入的平台数据和业务进行打通，提供医疗急救的全流程支撑，帮助医疗机构降低平台建设与实施成本，提高医疗水平。

13

第十三章 5G与智能工厂

导言

5G时代的到来，将大幅改善智能工厂的劳动条件，减少生产线人工干预，提高生产过程的可控性，最重要的是借助于信息化技术打通企业的各个流程，实现从设计、生产到销售各个环节的互联互通，并在此基础上实现资源的整合优化，从而进一步提高企业的生产效率和产品质量。

一、智能工厂的概念

智能工厂作为实现智能制造的重要载体，是指以先进的信息网络技术和先进的制造技术深度融合，实现工厂生产操作、生产管理、管理决策三个层面全部业务流程的闭环管理，继而实现整个工厂全部业务流程上下一体化业务运作的决策、执行自动化。

相较于传统工厂，智能工厂中将大量使用各类传感器、机器人，并基于大数据、云平台的智能分析工具将帮助企业实现更为科学的决策。同时，生产的本地性概念不断被弱化，由集中生产向网络化异地协同生产转变，信息网络技术使不同环节的企业间实现信息共享，实现全球范围内的资源高效协作和配置。

智能工厂的体系架构如图13-1所示。

二、5G技术赋能智能制造

5G具有媲美光纤的传输速率、万物互联的泛在连接特性和接近工业总线的实时能力，正逐步向工业领域渗透，引发一系列融合应用的创新与变革，为制造业转型升级带来历史性的发展机遇。

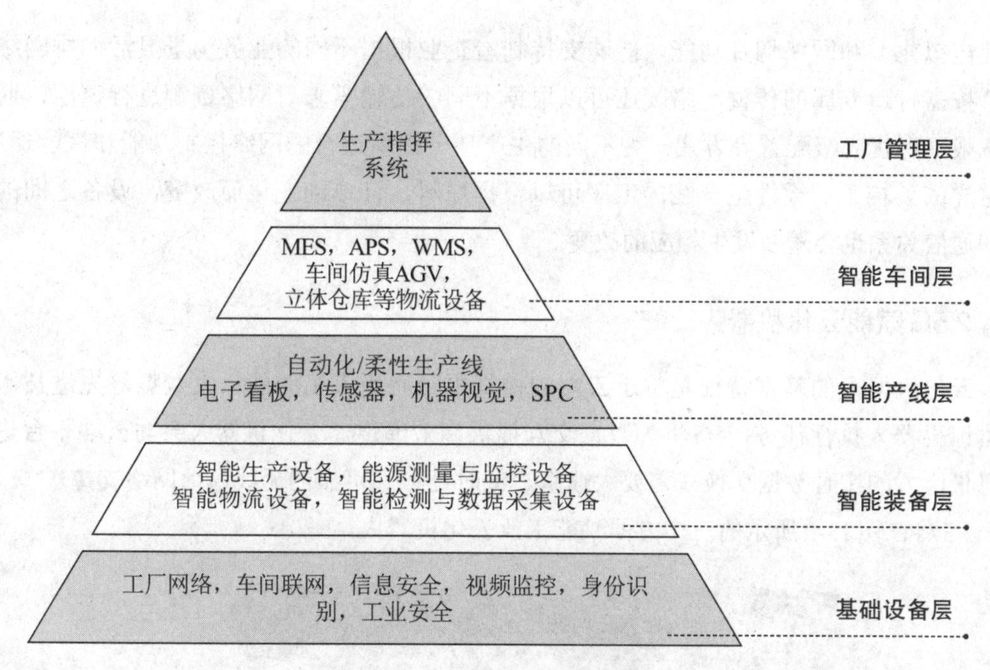

图13-1　智能工厂体系架构

1.5G赋能柔性生产线

柔性生产线可以根据订单的变化灵活调整产品生产任务，是实现多样化、个性化、定制化生产的关键依托，5G将为其带来更多的灵活性。

在传统的网络架构下，生产线上各单元的模块化设计虽然相对完善，但是由于物理空间中的网络部署限制，制造企业在进行混线生产的过程中始终受到较大约束。

5G将在图13-2所示的两个方面赋能柔性生产线。

图13-2　5G赋能柔性生产线

（1）提高生产线的灵活部署能力。未来，柔性生产线上的制造模块需要具备灵活快速的重部署能力和低廉的改造升级成本。5G网络进入工厂，将使生产线上的设备摆脱线缆的束缚，通过与云端平台无线连接，进行功能的快速更新和拓展，并且可以自由移动与拆分组合，在短期内实现生产线的灵活改造。

（2）提供弹性化的网络部署方式。5G网络中的SDN（软件定义网络）、NFV（网络功能虚拟化）和网络切片功能，能够支持制造企业根据不同的业务场景灵活编排网络架构，按需打造专属的传输网络，还可以根据不同的传输需求对网络资源进行调配，通过带宽限制和优先级配置等方式，为不同的生产环节提供适合的网络控制功能和性能保证。在这样的架构下，柔性生产线的工序可以根据原料、订单的变化而改变，设备之间的联网和通信关系也会随之发生相应的改变。

2.5G赋能云化机器人

云化机器人的基本特征是位于云端的控制平台利用人工智能、大数据等先进技术控制本地机器人执行任务，5G将为数据交互提供高效通道。云化机器人会与云端平台进行信息量巨大的实时数据交换，需要大速率、低时延、高可靠的无线通信网络支撑。

5G将在图13-3所示的三个方面赋能工业云化机器人。

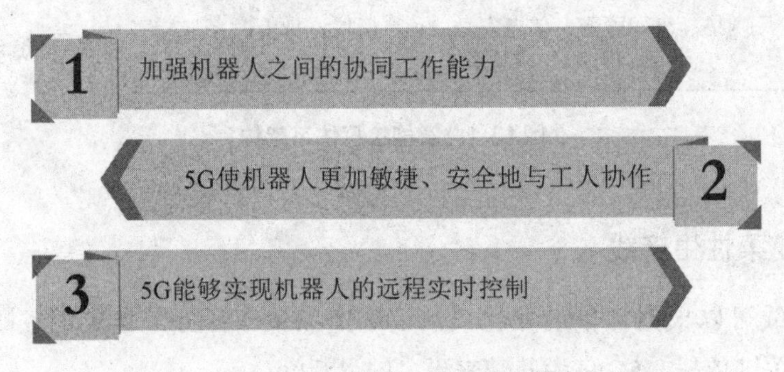

图13-3　5G赋能工业云化机器人

（1）加强机器人之间的协同工作能力。5G为工业机器人之间的通信提供高速网络支持，使机器人具备自组织与协同能力。工业机器人可以通过相互合作，完成过去单个机器人无法独立完成的任务。另外，有更高权限的领导型机器人能通过5G网络指挥一群执行型机器人高效完成任务。

（2）5G使机器人更加敏捷、安全地与工人协作。5G高可靠、超低时延的特性能使机器人实时感知工人的动作，灵巧地进行反馈与配合，同时始终与工人保持安全距离，保证人机协作的安全。

（3）5G能够实现机器人的远程实时控制。在高温、高压等某些不适合工人进入的特定生产环境，工人可以在监控中心通过5G网络对机器人进行实时远程操控，同步、安全地完成预定的工作目标。

3.5G赋能工业AR/VR

5G时代，工业AR将用于装配过程指导、设备检修等应用场景，通过虚拟影像与真实视觉叠加直观地呈现出操作步骤，帮助工程师缩短作业时间，降低错误率。工业VR将辅助工业设计，使远程的工作人员进入同一个虚拟场景中协同设计产品，也可以实现工厂的三维立体虚拟化展示，使管理人员全面了解工厂的生产情况。

微视角

超高清AR/VR视频作为发展方向，其每秒产生的流量高达百兆以上，目前的4G或Wi-Fi网络很难同时满足稳定、流畅、实时的视觉体验要求。

5G将在图13-4所示的三个方面赋能工业AR/VR。

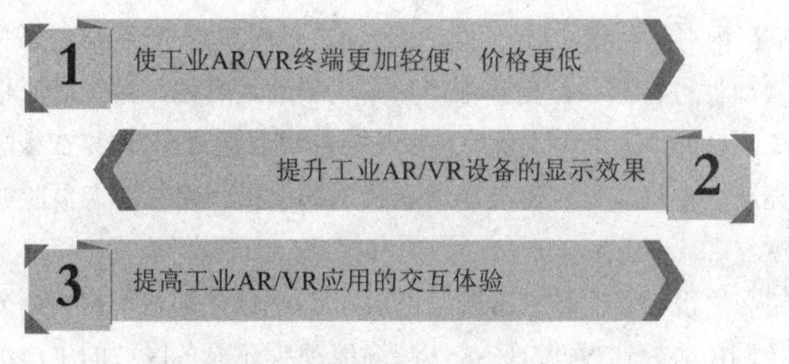

图13-4 5G赋能工业AR/VR

（1）使工业AR/VR终端更加轻便、价格更低。在复杂多变的工厂环境中，AR/VR终端需要具备高级别的灵活性和轻便性。基于5G的工业云，AR/VR可以将数据和计算密集型任务转移到云端处理，终端仅保留连接和显示功能，大幅降低终端的重量以及造价。

（2）提升工业AR/VR设备的显示效果。5G网络高速率、大容量的特性将满足AR/VR中高清图像的海量数据交互需求，提升AR/VR设备的流畅度和清晰度，支撑8K分辨率、3D等极致显示需求，使更加复杂的渲染效果得以呈现，让使用者获得更好的视觉感受。

（3）提高工业AR/VR应用的交互体验。工业AR/VR的发展方向是使用者通过交互设备与虚拟或现实环境进行实时互动，5G将满足远程多人协同设计、虚拟工厂操作培训等强交互工业AR/VR应用的毫秒级低时延需求，增强用户与用户、用户与环境之间的交互体验。

4.5G赋能实时数据采集与监控

在智能工厂中，生产数据的采集和车间工况、设备状态的监控愈发重要，能为生产的决策、调度、运维提供可靠的依据。虽然NB-IoT、Zigbee等无线技术已经在工业数据采集与监控中得到了一定程度的使用，但在传输速率、覆盖范围、延迟、可靠性和安全性等方面还存在各自的局限性。

5G将在图13-5所示的三个方面赋能实时数据采集与监控。

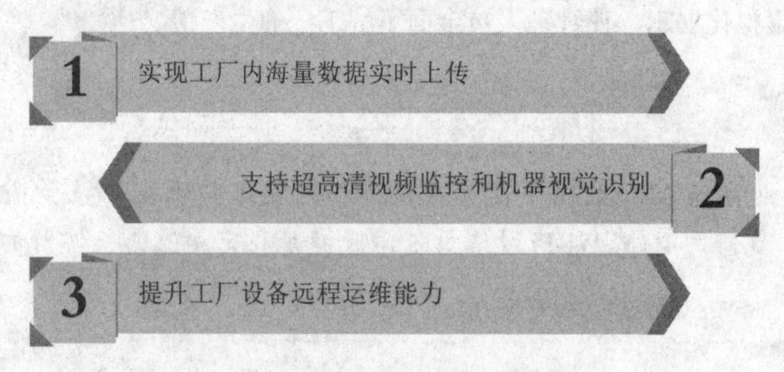

图13-5 5G赋能实时数据采集与监控

（1）实现工厂内海量数据实时上传。大连接、低时延的5G网络可以将工厂内海量的生产设备及关键部件进行互联，提升生产数据采集的及时性，为生产流程优化、能耗管理提供网络支撑。另外，工厂内大量的环境传感器可以通过5G网络在极短的时间内进行温度、湿度、亮度、空气质量、污染等信息状态的上报，使管理人员能够对厂房内的环境进行精准调控。

（2）支持超高清视频监控和机器视觉识别。5G网络能够将厂房内高分辨率的监控录像同步回传到控制中心，通过"5G+8K"超高清视频还原各区域的生产细节，为工厂精细化监控和管理提供支持。同时，智能工厂中产品缺陷检测、精细原材料识别、精密测量等场景需要用到视频图像识别。5G网络能保障海量高分辨率视频图像的实时传输，提升机器视觉系统的识别速度和精度。

（3）提升工厂设备远程运维能力。5G广覆盖、大连接、低成本、低能耗的特性有利于远程生产设备全生命周期工作状态的实时监测，使生产设备的维护工作突破工厂边界，实现跨工厂、跨地域的远程故障诊断和维修。

微视角

作为新一代无线通信技术，5G将为智能制造生产系统提供多样化和高质量的通信保障，促进各个环节海量信息的融合贯通。

相关链接

5G时代智能工厂发展前景

5G技术场景支撑下，中国制造业向智能制造转型升级的步伐将加快，智能工厂将很快成为中国制造的标配。

1.助推柔性制造，实现个性化生产

为了满足全球各地不同市场对产品的多样化、个性化需求，生产企业内部需要更新现有的生产模式，基于柔性技术的生产模式成为趋势。

一方面，在企业工厂内，柔性生产对工业机器人的灵活移动性和差异化业务处理能力有很高要求。5G利用其自身无可比拟的独特优势，助力柔性化生产的大规模普及。5G网络进入工厂，在减少机器与机器之间线缆成本的同时，利用高可靠性网络的连续覆盖，使机器人在移动过程中活动区域不受限，按需到达各个地点，在各种场景中进行不间断工作以及工作内容的平滑切换。

5G网络也可使能各种具有差异化特征的业务需求。大型工厂中，不同生产场景对网络的服务质量要求不同，精度要求高的工序环节关键在于时延，关键性任务需要保证网络可靠性、大流量数据即时分析和处理的高速率。5G网络以其端到端的切片技术，同一个核心网中具有不同的服务质量，按需灵活调整。如设备状态信息的上报被设为最高的业务等级等。

另一方面，5G可构建连接工厂内外的人和机器为中心的全方位信息生态系统，最终使任何人和物在任何时间、任何地点都能实现彼此信息共享。消费者在要求个性化商品和服务的同时，企业和消费者的关系发生变化，消费者将参与到企业的生产过程中，消费者可以跨地域通过5G网络参与产品的设计。

2.工厂维护模式全面升级

大型企业的生产场景中，经常涉及跨工厂、跨地域设备维护，远程问题定位等场景。5G技术在这些方面的应用，可以提升运行、维护效率，降低成本。5G带来的不仅是万物互联，还有万物信息交互，使得未来智能工厂的维护工作突破工厂边界。工厂维护工作按照复杂程度，可根据实际情况由工业机器人或者人与工业机器人协作完成。

在未来，工厂中每个物体都是一个有唯一IP的终端，使生产环节的原材料都具有“信息”属性，原材料会根据“信息”自动生产和维护。人也变成了具有自己IP的终端，人和工业机器人进入整个生产环节中，和带有唯一IP的原料、设备、产品进行信息交互。工业机器人在管理工厂的同时，人在千里之外也可以第一时间接收到实时信息跟进，并进行交互操作。

比如，在未来有5G网络覆盖的一家智能工厂里，当某一物体发生故障时，故障被以最高优先级“零”时延上报到工业机器人。一般情况下，工业机器人可以根据自主学习的经验数据库在不经过人的干涉下完成修复工作。另一种情况，由工业机器人判断该故障必须由人来进行操作修复。

此时，人即使远在地球的另一端，也可通过一台简单的VR和远程触觉感知技术的设备，远程控制工厂内的工业机器人到达故障现场进行修复，工业机器人在万里之外实时同步模拟人的动作，人在此时如同亲临现场进行施工。

5G技术使得人和工业机器人在处理更复杂场景时也能游刃有余。如在需要多人协作修复的情况下，即使相隔了几大洲的不同专家也可以各自通过VR和远程触觉感知设备，第一时间"聚集"在故障现场。5G网络的大流量能够满足VR中高清图像的海量数据交互要求，极低时延使得触觉感知网络中，人在地球另一端也能把自己的动作无误差地传递给工厂机器人，多人控制工厂中不同机器人进行下一步修复动作。同时，借助万物互联，人和工业机器人、产品和原料全都被直接连接到各类相关的知识和经验数据库，在故障诊断时，人和工业机器人可参考海量的经验和专业知识，提高问题定位精准度。

3. 工业机器人加入"管理层"

在未来智能工厂生产的环节中涉及物流、上料、仓储等方案判断和决策，5G技术能够为智能工厂提供全云化网络平台。精密传感技术作用于不计其数的传感器，在极短时间内进行信息状态上报，大量工业级数据通过5G网络收集起来，庞大的数据库开始形成，工业机器人结合云计算的超级计算能力进行自主学习和精确判断，给出最佳解决方案。

在一些特定场景下，借助5G下的D2D技术，物体与物体之间直接通信，进一步降低了业务端到端的时延，在网络负荷实现分流的同时，反应更为敏捷，生产制造各环节的时间变得更短，解决方案更快更优，生产制造效率得以大幅度提高。

我们可以想象未来10年内，5G网络覆盖到工厂各个角落，5G技术控制的工业机器人，已经从玻璃柜里走到了玻璃柜外，不分日夜地在车间中自由穿梭，进行设备的巡检和修理、送料、质检或者高难度的生产动作，机器人成为中、基层管理人员，通过信息计算和精确判断进行生产协调和生产决策。这里只需要少数人承担工厂的运行监测和高级管理工作，机器人成为人的高级助手，替代人完成人难以完成的工作，人和机器人在工厂中得以共生。

4. 按需分配资源

5G网络通过网络切片提供适用于各种制造场景的解决方案，实现实时高效和低能耗，并简化部署，为智能工厂的未来发展奠定坚实基础。

首先，利用网络切片技术保证按需分配网络资源，以满足不同制造场景下对网络的要求。不同应用对时延、移动性、网络覆盖、连接密度和连接成本有不同需求，对5G网络的灵活配置尤其是对网络资源的合理快速分配及再分配提出了更严苛的要求。

作为5G网络最重要的特性，基于多种新技术组合的端到端的网络切片能力，可以将所需的网络资源灵活动态地在全网中面向不同的需求进行分配及能力释放；根据服务管理提供的蓝图和输入参数，创建网络切片，使其提供特定的网络特性，如极低的时延、极高的可靠性、极大的带宽等，以满足不同应用场景对网络的要求。

比如，在智能工厂原型中，为满足工厂内的关键事务处理要求，创建了关键事务切片，以提供低时延、高可靠的网络。

在创建网络切片的过程中，需要调度基础设施中的资源，包括接入资源、传输资源和云资源等，而各个基础设施资源也都有各自的管理功能，通过网络切片管理，可以根据客户不同的需求，为客户提供共享的或者隔离的基础设施资源。由于各种资源的相互独立性，网络切片管理也在不同资源之间进行协同管理。在智能工厂原型中，展示了采用多层级的、模块化的管理模式，使整个网络切片的管理和协同更加通用、更加灵活并且易于扩展。

除了关键事务切片，5G智能工厂还将额外创建移动宽带切片和大连接切片。不同切片在网络切片管理系统的调度下，共享同一基础设施，但又互不干扰，保持各自业务的独立性。

其次，5G能够优化网络连接，采取本地流量分流，以满足低延迟的要求。每个切片针对业务需求的优化，不仅体现在网络功能特性的不同，还体现在灵活的部署方案上。切片内部的网络功能模块部署非常灵活，可按照业务需求分别部署在多个分布式数据中心。原型中的关键事务切片为保证事务处理的实时性，对时延要求很高，将用户数据面功能模块部署在靠近终端用户的本地数据中心，尽可能地降低时延，保证对生产的实时控制和响应。

三、5G智能工厂解决方案

先有大连接才有大数据，才有智能，才有智能生产制造的未来。“连接”是智能工厂的基础，网络是连接的载体。网络连接是智能工厂的基础，打造低时延、高可靠的网络基础设施是实现全要素各环节的泛在深度互联的前提。

比如，在一个典型的制造执行车间内，由生产环境、物料、生产设备、PLC（可编程控制器）、制造执行控制系统、人这六类要素构成的工厂中，主要有五大典型生产制造场景，每个场景都有对连接的不同需求：工业自动控制场景，需要自动化机械设备与PLC间的连接；设备检测管理场景，需要生产设备与制造管控系统间的连接；环境检测控制场景，需要生产环境与制造管控系统间的连接；物料供应管理场景，需要物料供应与制造管控系统间的连接；人员操作交互场景，需要人与制造执行间的连接。如图13-6所示。

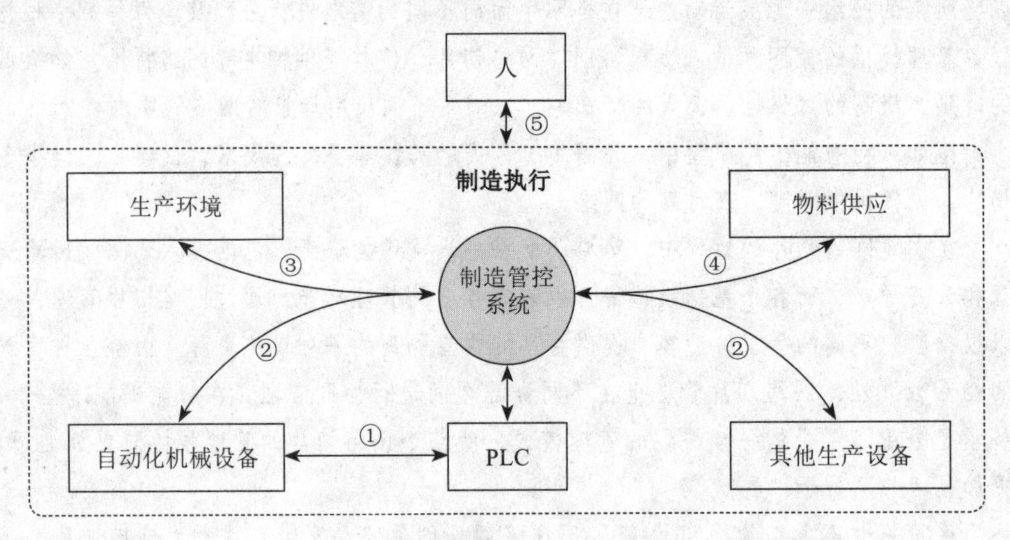

图 13-6　制造执行车间网络连接示意

图 13-6 所示说明：

①工业自动控制。自动化机械设备与 PLC 间连接。

②设备监测管理。生产设备与制造管控系统间连接。

③环境监测管理。生产环境与制造管控系统间连接。

④物料供应管理。物料供应与制造管控系统间连接。

⑤人员操作交互。人与制造执行间连接。

随着网络的演进，5G超低时延、超高可靠性、海量连接、超大带宽等特性，将为智能工厂的实现打下坚实基础。通过采用毫米波技术、增加带宽技术、微基站技术、高阶MIMO（大规模天线）技术、波束赋形技术等创新以及支持网络切片功能，使得5G在工业领域关注的速率、时延、终端连接数、可靠性、安全性、电池寿命六个指标上优势突出。

对于一个典型的厂区，5G智能工厂解决方案如图13-7所示。

五大场景接入	三张切片	三朵云
工业自动控制	工业控制切片	边缘云
设备检测管理	工业多媒体切片	核心云
环境检测控制	工业物联网切片	远端云
物料供应管理		
人员操作交互		

图 13-7　5G 智能工厂解决方案

1. 五大场景接入

五大场景接入包括工业自动控制、设备检测管理、环境检测控制、物料供应管理、人员操作交互。五大场景中各终端设备、传感器通过5G模块接入5G网络；终端根据场景的不同，选择合适的5G模块，如设备检测管理、环境监测管理、物料货架监测管理符合物联网场景，需要低功耗终端模块，可采用5G的NB-IoT（窄带蜂窝物联网）接入。

针对五大工厂场景业务需求，需要设计相应接入方案、切片方案、部署方案。

2. 三张切片

5G采用切片网络方式，对于某个工厂可提供多个网络切片，根据工厂具体连接需求对网络要求的特点，可构建如下三张切片。

（1）工业控制切片。uRLLC低时延高可靠通信类网络连接需求，适用于对可靠性、时延敏感要求高的业务领域，尤其是在工业自动化控制、机器人调度、远程操控业务领域。

（2）工业多媒体切片。eMBB增强型移动宽带网络连接需求，移动性强、高带宽，适用于大数据量的业务领域，如人员通过AR、高清视频交互场景。

（3）工业物联网切片。mMTC大规模物联网连接需求，低成本、低能耗、小数据包、海量连接，适用于终端接入数量大的业务领域，如物料监控、设备监控、环节监控。

3. 三朵云

5G网络资源深度云化，根据承载内容及部署位置，可分为运营商运营的边缘云、核心云以及工厂或其他相关企业的远端云。

（1）边缘云。距离工厂最近的云，主要承载接入网及对时延、安全性要求最高的工厂应用。

（2）核心云。距离工厂较远，主要用于承载核心网络及对时延、安全性要求不高的应用。

（3）远端云。相对于运营商运营的云来讲，其他部署云为远端云，包括工厂自己的云，以及与工厂业务往来的设备商、上游物料供应商、下游客户、销售平台、其他工业内容供应商的数据云。

微视角

5G网络在智能工厂中应用，不但能够降低工厂投资与运营成本，同时工厂与其供应商及其客户之间的商业模式也将发生变化。

2019年5月26日上午，永康步阳集团与华为浙江分公司、中国电信永康分公司签订技术合作战略协议，正式启动5G互联网智能工厂项目。与此同时，步阳集团首条5G智能制造生产线正式启动，这意味着基于5G的工业互联网应用“5G步阳智慧工厂”进入生产阶段。

步阳集团以防盗门生产为主，年产防盗门500万樘。近些年来，随着时代发展，人们越来越喜欢私人订制，步阳集团的防盗门产品也有超过60%属于客户私人订制，其对企业智能生产要求越来越高。

为畅通客户下单、生产执行、交付使用、售后服务全流程的智能化管理，步阳集团一年前就着手提升工厂的智能化生产水平，在专门承担新产品开发设计的步阳门业研究院新品制造基地里，率先植入“5G无线+5G边缘计算+移动云平台”组网模式，实现设备点对点通信、设备数据上云、横向多事业部协同、纵向供应链互联，让基于5G的工业控制交互操作“神经元”体系与自动化设备完美衔接。

目前，步阳集团信息化改造已经基本完成，工厂标准化改造正在进行中。“有了华为的加入，我们5G网络的时延能保持在5ms以内。我们在山东有工厂，未来就可以用永康的‘大脑’指挥山东‘手臂’的生产。”步阳集团董事长徐步云说，将5G技术应用到生产后，将节约20%～30%的原材料成本，产品合格率还将提升3%～4%。

当天，步阳集团总部大数据指挥中心也同步启用。徐步云为到访的客商“秀”了一把——远在山东的步阳科技园智能门生产线下线仪式。随着一声令下，山东工厂的下线仪式视频同步在大屏幕呈现。就在这块大屏幕上，生产线的订单计划、生产情况等一系列数据不断跳动，实时显示。

四、5G在智能工厂的主要应用场景

1. 物联网

随着工厂智能化转型的推进，物联网作为连接人、机器和设备的关键支撑技术正受到企业的高度关注，这种需求在推动物联网应用落地的同时，也极大地刺激了5G技术的发展。面对复杂的工业互联需求，5G技术需要适应不同的工业场景，能满足物联网的绝大部分连接需求。因此，5G与物联网是相辅相成的关系，物联网应用落地依赖于5G提供不同场景的无线连接方案，而5G技术标准的成熟也需要物联网应用需求的刺激和推动。

2. 机器视觉

机器视觉在制造企业已经越来越普及，以前靠人工智能来检测，现在通过机器视觉来检测。如今，越来越多的企业在生产环节中引入5G+AI技术，生产链呈现数字化、智能化、集约化的趋势。

深圳华星光电技术有限公司在质检环节引入了腾讯的人工智能技术服务。此前，质检员要培训3个月才能上岗，最熟练的质检员也要3s才能检查一张图片，而且每天只能看数千张，很多人不愿意做重复性工作。

为了解决这个问题，腾讯为华星光电提供了AI辅助检测的解决方案。通过物联网采集数据，利用深度学习建模，并借助边缘计算对产品缺陷进行光学检测识别。此系统可以24h不间断地进行质检，不但时间减少为原来的百分之一，而且准确率还提高到了90%以上。

3. 工业自动化控制

自动化控制是制造工厂中最基础的应用，核心是闭环控制系统。在该系统的控制周期内每个传感器进行连续测量，测量数据传输给控制器以设定执行器。典型的闭环控制过程周期低至毫秒级别，所以系统通信的时延需要达到毫秒级别甚至更低才能保证控制系统实现精确控制，同时对可靠性也有极高的要求。如果在生产过程中由于时延过长，或者控制信息在数据传送时发生错误就可能导致生产停机，会造成巨大的财务损失。

此外，在规模生产的工厂中，大量生产环节都用到自动控制过程，所以将有高密度海量的控制器、传感器、执行器需要通过无线网络进行连接。

5G可提供极低时延、高可靠、海量连接的网络，使得闭环控制应用通过无线网络连接成为可能。基于华为5G的实测能力：空口时延可到0.4ms，单小区下行速率达到20Gbps，小区最大可支持1000万+连接数。由此可见，移动通信网络中仅有5G网络可满足闭环控制对网络的要求。

4. 物流追踪

在目前已成规模的机器对机器市场中，其应用将包括人员跟踪和在途高价商品追踪等，但（较）高连接成本限制了该市场的增长。预计5G将在深度覆盖、低功耗和低成本（规模经济）以及作为3GPP标准技术方面提供额外优势。5G提供的改进将包括在广泛产业中优化物流，提升工人安全和提高资产定位与跟踪的效率，从而最小化成本。它还将扩展能力以实现动态跟踪更广泛的在途商品，随着在线购物增多，资产跟踪将变得更加重要。

在物流方面，从仓库管理到物流配送均需要广覆盖、深覆盖、低功耗、大连接、低成本的连接技术。此外，虚拟工厂的端到端整合跨越产品的整个生命周期，要连接分布广泛的已售出的商品，也需要低功耗、低成本和广覆盖的网络，企业内部或企业之间的横向集成也需要无所不在的网络，5G网络能很好地满足这类需求。

5. 工业AR

在未来的智能工厂生产过程中，人将发挥更重要的作用。然而由于未来工厂具有高度的灵活性和多功能性，这将对工厂车间工作人员有更高的要求。为快速满足新任务和生产活动的需求，增强现实AR将发挥关键作用。

比如手动装配过程指导方面，可进行生产任务分步指引；远程维护方面，可进行远程专家业务支撑。

在这些应用中，辅助AR设施需要最大限度的灵活性和轻便性，以便维护工作高效开展。因此需要将设备信息处理功能上移到云端，AR设备仅仅具备连接和显示的功能，AR设备和云端通过无线网络连接。AR设备将通过网络实时获取必要的信息（如生产环境数据、生产设备数据以及故障处理指导信息）。

在这种场景下，AR眼镜的显示内容必须与AR设备中摄像头的运动同步，以避免视觉范围失步现象。通常从视觉移动到AR图像的反应时间低于20ms，则会有较好的同步性，所以要求从摄像头传送数据到云端到AR显示内容的云端回传时间需要小于20ms，除去屏幕刷新和云端处理的时延，则需无线网络的双向传输时延在10ms内才能满足实时性体验的需求。而该时延要求，LTE网络无法满足，只有5G网络能满足。

6. 云化机器人

在智能制造生产场景中，需要机器人有自组织和协同的能力来满足柔性生产，这就带来了机器人对云化的需求。和传统的机器人相比，云化机器人需要通过网络连接到云端的控制中心，基于超高计算能力的平台，并通过大数据和人工智能对生产制造过程进行实时运算控制。

通过云技术，机器人将大量运算功能和数据存储功能移到云端，这将大大降低机器人本身的硬件成本和功耗，并且为了满足柔性制造的需求，机器人需要满足可自由移动的要求，因此在机器人云化的过程中，需要无线通信网络具备极低时延和高可靠的特征。

5G网络是云化机器人理想的通信网络，是使能云化机器人的关键。5G切片网络能够为云化机器人应用提供端到端定制化的网络支撑。5G网络可以达到低至1ms的端到端通信时延，并且支持99.999%的连接可靠性，强大的网络能力能够极大满足云化机器人对时延和可靠性的挑战。

7.机器人与协同设施间的通信需求

在智能制造柔性生产中，移动机器人是关键的使能者。在生产过程中要求移动机器人之间的协同和无碰撞作业，所以移动机器人之间需要实时进行数据交换以满足该需求。移动机器人和外围设备间也需要进行通信，如起重机或其他制造设施，因此移动机器人需要和周边协同设施进行实时数据交换。

随着智能制造场景的引入，智能制造对无线通信网络的需求已经显现，5G网络可为高度模块化和柔性的生产系统提供多样化、高质量的通信保障。和传统无线网络相比，5G网络在低时延、工厂应用的高密度海量连接、可靠性以及网络移动性管理等方面优势凸显，是智能制造的关键使能者。

【案例一】▸▸▸

全球首家5G智能工厂落地

2019年7月22日，华晨宝马宣布，华晨宝马沈阳生产基地已实现5G网络的第一次技术迭代，生产基地采用中国联通和中国移动双运营商5G网络，移动网络终端传输速率提升至1Gbps，由此正式成为全球首座5G汽车生产基地。

这个测试车辆数据5G传输项目是宝马集团全球的第一个5G应用，同样也是全球首家将5G技术应用于汽车研发及生产领域的汽车制造企业。

作为沈阳第一个5G示范单位，华晨宝马从2018年10月开始在沈阳生产基地的铁西工厂、大东工厂和动力总成工厂全面建设5G基站，共建设铁塔21个、5G基站35个，2019年4月已经实现三大工厂100%的5G信号覆盖，总覆盖面积超过300万平方米。右图所示为华晨宝马铁西工厂生产线现场。

华晨宝马铁西工厂生产线现场

5G作为经济社会数字化转型的关键技术，将对生产领域产生深远影响。5G技术所具备的超高带宽、超低时延和高可靠性的特点，将极大提高数据处理速度，并为提升生产效率、产品质量和生产柔性化水平提供基础。华晨宝马不仅积极部署5G网络建设，更结合研发生产实际，积极探索5G应用场景，切实提升生产率。

2019年4月26日华晨宝马第一个5G应用案例——测试车辆数据5G传输项目启动。如今华晨宝马基于超高带宽的5G网络环境，可实现测试车辆数据的实时回传，从而大幅度提升了数据采集及分析的效率，并为后续实现大量测试车辆数据远程更新以及远程诊断提供足够的技术储备。

测试车辆数据5G传输项目是宝马集团在全球的第一个5G应用。当前，华晨宝马已经开始深入研究在更多生产制造过程中应用5G技术。

【案例二】

AI+5G助力全球首家智能+5G互联工厂落地

2019年7月26日，2019世界工业互联网产业大会“工业互联网生态创新论坛”上，海尔联合中国移动、华为正式发布了全球首家智能＋5G互联工厂，以企业组织方式、商业模式及ICT技术的创新与变革，人工智能、5G等关键技术的深度融合，来重新定义未来智能制造。

在智能＋5G互联工厂内，产线工站操作员在生产操作中突遇紧急困难，可通过佩戴AR眼镜，以第一视角与技术专家进行远程实时音视频通信。专家在看到眼镜端采集的视频后，可即时实施AR标注、冻屏标注等系列操作，将指导信息于第一时间实时反馈到操作员的视线中。同时，专家还可将部分实用资料，包括介绍文档、视频解说等一并传输给现场人员，以进一步辅助现场解决疑难问题。下图所示为基于云的AI移动视觉检测。

基于云的AI移动视觉检测

像这样的应用场景，借助AI＋5G技术的完美融合，遍布这家互联工厂的各个角落。通过全流程信息自感知、全要素事件自决策、全周期场景自迭代，海尔打造出自身理解中未来互联工厂的雏形：始终以用户体验为中心，实现先进制造技术与新一代人工智能技术融合的数字化、网络化、智能化制造，满足用户的美好生活体验。下图所示为专家AR远程诊断。

专家AR远程诊断

具体来说，一方面，通过全流程融合AI＋5G技术，打造云端秒级响应、VR漫游、智能协同等200余项用户体验新模式，助力以用户为中心的大规模定制模式升级；另一方面，通过136项AI＋5G技术支撑互联工厂，搭建跨界融合、生态共赢、技术迭代的创新体系，满足多场景高端制造，助力互联工厂全要素自决策。同时，通过AI＋5G等关键技术应用，全面赋能网器交互、设计、体验、预售、制造、迭代等生态场景，助力网器用户体验场景自迭代。

落地后的智能＋5G互联工厂，将为互联工厂转型升级提供样板范例。通过基于数据的仿真建模验证、生产高效协同、质量精准管控，探索实践出更多场景化的物联网智能产品、智慧组合解决方案及AI技术应用，实现生产效率、制造成本、不入库率等产能指标的极大优化，形成行业智能制造的强大竞争力。

【案例三】

中国首条5G智能制造生产线启动

2019年4月10日，中国移动湖北公司携手中国信科集团发布“5G智慧工厂”项目，中国首条5G智能制造生产线在武汉正式启动，标志着我国在5G工业互联网方面不仅拥有创新研发实力，同时具备生产应用能力。

该生产线位于中国信科虹信通信天线生产基地，主要生产通信设备天线。5G智能制造生产线位于车间二楼，生产线长度约30m，包含12个工位，用于生产5G基站的天线设备。如下图所示。

5G智能生产线

“三二一，开通！”工作人员按下开关，生产线亮灯“苏醒”。只见传送带上的电路板等原料、配件，经过隔离条自动焊接、振子（天线元器件，使天线接收的电磁信号更强）自动上料、振子焊接、视觉检测、PCB板（印制电路板）拼接、天线铆合、性能测试等自动化工序，4min后一件5G基站天线设备出炉了。

这条5G智能制造生产线每天能生产300件天线设备，可建100座宏基站。此前，同等产能的4G天线设备生产线有70～80m长，需要30名工人协同作业，而5G智能制造生产线上，只有1人“监工”，他监控着干活的机器，应急处置特殊情况。

这条生产线所有关键设备安装有物联网芯片，通过网络联为一体，实现人与机器、机器与机器之间的互联。这是工业互联网的基础——控制系统与设备间信息互通需要“毫秒级”反应，没有5G只能靠光纤连接，不仅改造难度大，一些移动设备还无法接线。有了5G，这些问题迎刃而解：5G网络不受空间约束，生产线设备可灵活加装物联网芯片，实现按需定制、柔性制造。另外，5G网络比Wi-Fi信号穿透性、抗干扰能力更强。

“5G无线网+5G边缘计算+移动云平台组网模式，串起了企业工业互联网，机器设备有了感知，生产线变‘聪明’，便能取代人了。”

在生产线车间二楼大厅大型LED监控屏上，数字、文字、图片、视频等各类信息实时跳动，整个厂区全部被5G网络覆盖。

屏幕中间显示着生产线的三维立体实时图像，工作人员就像玩电脑游戏《模拟城市》一样，随时查看各工位的运行情况。“哪台设备有故障，哪位工人效率低”一目了然。

过去生产线的设备电流、电压等状态信息靠人工统计，效率低下。5G给车间最大的提升在于采集信息，运营商可将5G边缘计算节点设在企业侧“就近消化数据”，这样企业工业数据就不必全部上传云端处理，实现设备全生命周期在线管理、运营数据监控与决策、订单全程追溯的透明交付，让生产效率较改造前提升30%以上。

14

第十四章

5G与智慧农业

导言

5G将改变农村，实现新的农业和生活方式。在4G时代我们已经见证了农业的智能化，相信在5G时代智慧农业将会有更大发展。

一、智慧农业认知

所谓智慧农业就是将IoT（Internet of Things，物联网）技术运用到传统农业中，用传感器和软件通过移动平台（如手机）或者电脑平台对农业生产进行控制，使传统农业更具有智慧。通俗来讲，就是利用设备收集大气、土壤、作物、病虫害等多方面的数据，来随时随地指导农业生产。

智慧农业采用了基于IoT的先进技术和解决方案，通过实时收集并分析现场数据及部署指挥机制的方式，达到提升运营效率、扩大收益、降低损耗的目的。可变速率、精准农业、智能灌溉、智能温室等多种基于物联网的应用将推动农业流程改进。物联网科技可用于解决农业领域的特有问题，打造基于物联网的智慧农场，实现作物质量和产量双丰收。

微视角

智慧农业必须依托于IoT技术，IoT就是让所有的农业生产设备能够实现互联互通的网络。

二、5G带给农业的改变

近年来，国家高度重视农业发展，其实，我们在4G时代就已经见证了农业发展的脱胎换骨，而传输速度更快、更准确的5G，将会给农业带来更加颠覆性的改变。具体如图14-1所示。

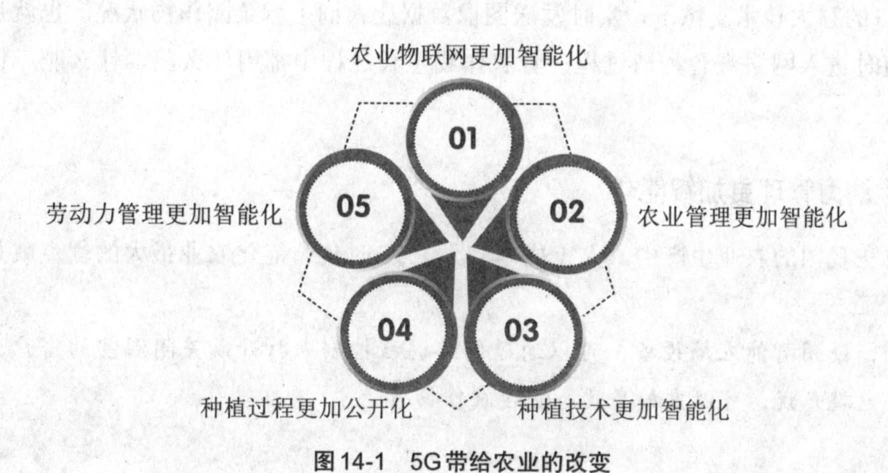

图14-1 5G带给农业的改变

1.农业物联网更加智能化

对于智能农业物联网，做农业的人并不会太陌生，而且还有不少人从中获益。

比如一些蔬菜大棚就利用了现代信息和通信技术，对大棚的种植环境和植物生长状态进行监测。

但是，在实际应用中，大家普遍感到智能农业物联网虽然好，但成本太高。而5G时代的到来，建设物联网成本会降低。大家只需坐在电脑前，就可以查看农作物数据，缺肥了、缺水了、有什么病虫害等都一目了然。同时，由于5G的速度非常快，农民可以根据采集的数据迅速做出相应对策，最终更加精准、科学地管理农作物生长。

2.农业管理更加智能化

在农业生产中，农业管理非常重要。5G时代对农业管理的改变，就是通过各种先进设备和农业相结合，在农场中布置各种探头或传感器设备，将收集到的数据传输到数据中心，然后进行分析整理并反馈给各个机器。也就是说，5G是让人对机械的命令立即到达执行。

3.种植技术更加智能化

由于5G比4G更加实时精准，所以可以采用高精度土壤温湿度传感器和智能气象站，远程在线采集土壤墒情及气象信息等，实现旱情自动预报、灌溉用水量智能决策等功能，并将数据及时反馈给技术人员，最终达到精耕细作、准确施肥、合理灌溉的目的。

4. 种植过程更加公开化

在5G的强大技术支撑下，实时发送图像数据让人们了解菜园作物状况。也就是消费者可以随时进入网络观看种植过程，看农作物生长过程中都用什么药、什么肥，让大家放心食用。

5. 劳动力管理更加智能化

目前在我国的农业生产中，人工成本较大。5G时代智能化农业最大的优点就是以机械替代人工。

比如，使用智能农场设备，可以通过网络远程控制来打开或关闭温室的窗户，并自动供水。也就是说，可以更加高效地管理农作物。

相关链接

5G+数字农业保驾粮食安全

2019年5月21日，中兴通讯与北京农信通科技有限责任公司（以下简称北京农信通）签署5G战略合作协议，合作各方将共同携手在5G数字农业及农业信息化等领域深化创新合作。

在当前数字农业智能化和信息化领域，基于有线宽带和4G网络等通信系统已完成了数字农业及农业信息化的部分行业应用，但部分应用场景受网速、带宽、接入终端数量所限，无法实现数字化、信息化与农业的深度融合和创新业务的拓展。

5G网络低时延、大带宽和大连接的技术特性，可最大限度地解决目前的问题，实现现有数字农业系统的终端接入和无缝实时信息上传，在5G时代即将到来之际，这一战略合作将会极大促进5G技术在数字农业领域的落地和深入发展。

后续各方将进一步深化合作、携手创新，充分利用各自在行业内的技术、人才等优势，从提供简洁、实用、高效的数字农业需求出发，提供优质5G网络和切实可行的5G赋能方案，提供在5G端到端系统的行业领先设备，实现优势互补，联手促进整个数字农业产业持续健康发展，同时也为数字中国和农业的发展贡献力量。

三、5G+智慧农业主要应用场景

5G时代能将物联网“万物互联”的特性彻底解放。无论是农业种植、畜牧还是水产领域，物联网等应用设备都将成熟落地，现代农业的自动化、信息化、标准化、智能化水平显著提升，为农业生产管理效率的提高、农产品质量产量的提升等提供巨大的帮助。

1. 智能种地

目前很多温室大棚已经开始引入智能化设备。

比如，利用各种传感器，大棚的管理者可以收集到有关土壤湿度、土壤营养成分、二氧化碳浓度、空气湿度以及天气等数据信息，然后通过无线网络把这些数据传输到数据中心进行分析。管理者只需坐在电脑前，便可以查看有关农作物的生产数据，是否缺肥缺水以及可能会出现什么病虫害，根据采集的数据就可以做出相应的对策，最终得到更加精准、科学的管理。

5G时代就是各种先进设备和农业相结合，农场中布置的各种探头或者传感器设备，将收集到的数据传输到数据中心，进行分析后反馈给各个机器。

对于农业机械化操作，比如无人驾驶拖拉机可实时向管理员提供障碍物数据，并且重定路径；无人机飞防已经可以搜集各个田块的基础信息数据，后期可实现大数据化精准农业管理……在这种情形下，管理者在家就可轻松种地，让农业生产变得更加便捷。

总的来说，5G会实现更少的人力成本和更有效的种植效率，获得更高的产量和更高的利润，较为符合现代农业发展的需求。

2. 智慧农场

事实上，我国不少牧区已经实现了远程监管。当搭上5G的“快车”后，除了监管便利外，牲畜的育种选择、生长状况、饮食优化、疫情预防等信息不仅能第一时间被农场主掌握，每个品种还均能根据牧场实际情况生成最佳的饲养模型。

3. 智慧水产

水产养殖中，溶解氧、pH、水温、ORP、氨氮、亚硝酸盐等环境指标直接关乎鱼虾的生死。在5G时代，通过在水中铺设智能物联网等设备，养殖户可实时获取水质分析、设备运行状态、鱼虾健康状况、产量预测、养殖风险等情况，提高养殖产量和防控病害，保持良好的水产养殖环境，构建起可持续循环的生态系统。

【案例一】

浙江首个5G智慧农业上线

放飞无人机为稻田喷洒生物制剂，操纵机器人完成科技巡田，利用“稻情收集站”采集信息后再通过5G传输完成数据分析，农民看屏幕便可知道稻田长势……日前，位于浙江省瑞安市曹村镇的120亩稻田实现了5G信号全覆盖。

这种高科技的智能种田模式一举改变了当地农民仅凭个人经验、看天种田的传统农耕方式，农户再不用花大把时间进行人工巡田了。

与此同时，120亩“5G田”的诞生，也标志浙江省首个“5G+智慧农业”项目正式启用。

120亩“5G田”位于瑞安市曹村镇的曹村艾米现代农业产业园内，该产业园由瑞安市2018年招商引资来的艾米集团全力打造。

2019年6月14日，“5G田”里的稻苗均已长到了约20cm高，远远望去绿油油一片。

与传统稻田中竖起的是稻草人不同，“5G田”中竖起的是一个个约2m高、自带太阳能翻板的设备，这便是“5G田”的“核心武器”之一——农田数字采集站。

艾米相关负责人介绍，数字采集站依靠太阳能自主发电工作，安装有多个传感器和多光谱摄像头，既可采集稻田温度、湿度、光照、土壤酸碱性、土壤肥力等信息，还可为稻田拍摄高清视频和照片。

采集站所收集的相关数据经5G传输，可快速、稳定地传送至云端，经云计算处理和大数据分析便可生成稻田的“体检报告”。当“体检报告”呈现在电脑屏幕上时，农民通过看屏幕便可掌握田间稻苗的健康指数，比人工巡田所发现的信息更多、更准。

“5G田”的另外一大特点是不使用化学农药、化学肥料和除草剂。如“体检报告”指出稻苗需要除虫，可使用无人机向稻田中喷洒生物制剂。无人机的飞行线路可人为设定，喷洒1亩地的作业时间只需约5min。如下图所示。

无人机喷洒

另外，若需进一步体察稻苗情况，还可开动田间机器人巡田。田间机器人的特点是具有四个细轮子，如下图所示。田间机器人可在稻田中自由穿梭，其搭载的摄像头可更近距离为稻苗拍照。

机器人巡田

【案例二】

广东建5G智慧农业试验区

2019年5月20日，广东省荔枝营销“12221”行动暨2019广州（增城）网络荔枝节启动仪式在1978文化创意园举行。广东联通作为5G网络应用合作运营商亮相，现场展示了5G农眼、5G农眼全景以及5G智慧荔枝园等创新应用，同时为多个平台提供5G实时传输技术进行网络直播，网络下载速度达到1Gbps，吸引了各方关注。这是广东联通推动“粤港澳大湾区5G智慧农业战略”实施、加快5G创新应用落地的重要举措。

广东省政府办公厅发布的《广东省加快5G产业发展行动计划（2019～2022年）》将“5G+智慧农业”列入开展5G应用试点示范的重点领域，并明确提出将“推动广州市增城区5G智慧农业试验区建设”。事实上，早在2019年2月13日，广东省农业农村厅就组织广州市农业局、增城区政府、中国联通广东分公司相关领导召开座谈会，对高标准、规模化建设增城5G智慧农业试验区工作进行了专题研究部署。

广东联通作为提供支持的网络运营商，将携手增城共同开建5G智慧农业试验区。双方将以实施乡村振兴战略为总抓手，加快5G基站建设，打造农业5G技术装备展示平台，加快制定出台5G农业应用优惠政策，建设覆盖全产业链条的5G农业产业集群，推动智慧农业跨越式发展。广东联通将充分发挥5G技术大流量、低时延、广物联的优势，开展农业产业“生产—管理—销售—服务”全链条的5G创新应用，应用领域涵盖农业精准种植、病虫害实时高清监控、农业装备实时互联、农业生态旅游VR场景等。

【案例三】▸▸▸

“最智慧农业大棚”让种植“一目了然”

农业是山东省的“招牌”，也是泰安市的一张名片。作为泰安市通信运营商的领军者，泰安移动积极探索信息化在农业领域的应用，快速响应新泰市政府在翟镇采矿塌陷区建设农光一体示范园的号召，利用中国移动信息化、物联网、大数据、渠道资源等优势，结合大棚蔬菜种植顶尖技术，仅在新泰市就建成“最智慧农业大棚”20余处，帮助大棚种植者提高收益，给消费者提供安全高品质的蔬菜，有力推动了农业领域的新旧动能转换，为乡村振兴贡献力量。

泰安市新泰市在采矿塌陷区招商引进了6家农光互补项目企业，每个单位的农业大棚都在2000个以上，占地共计12万亩。泰安移动以温室大棚农业物联网信息采集为动脉，以温室大棚生产重点管理工作为抓手，运用传感器和软件通过移动客户端或者电脑平台对农业生产进行控制，实现了土壤水分、土壤温度、空气温度、空气湿度、光照强度、二氧化碳含量等参数的检测和图像、数据存储。同时，通过对采集的数据进行分析，进而实现调温、调光、换气、自动灌溉、自动放风、自动卷帘等自动控制，并能够实现远程时时监控，使传统农业更具“智慧”，让农户对作物生长情况“一目了然”。消费者也可以随时进入网络观看农作物的种植过程，看农作物生长过程中的用药、施肥情况，真正实现了“食以安为先”。

泰安移动积极践行企业社会责任，深入贯彻落实乡村振兴战略，以农业大数据分析为核心，围绕温室大棚数字化生产目标，强化智能技术、网络技术、数据库技术在农业生产领域的应用，打造了一套成熟的农业大数据中心，汇聚多维生产数据，提供海量数据分析处理能力，形成知识图谱。通过该套系统，用户能够实时远程获取温室大棚内部的环境参数和视频图像，并结合作物生长需要对农业设施进行远程控制，为作物生长创造最佳的温室大棚环境，有力推动了农产品“安全，高质，标准化”生产，提高农业生产智能化、经营网络化、管理数据化、服务在线化水平，为乡村振兴、加快农业现代化发展提供强大的创新动力。

在4G时代，农业大棚实现了由人工干预向“智慧”经营的转变。2019年，山东移动开启“双G双提”新时代，泰安移动继2019年1月份建成全市首家5G基站后，已经全面进入5G网络建设快车道。5G具备的高速率、低时延、广连接特点，能够借助高精度土壤温湿度传感器和智能气象站，远程在线采集土壤及气象信息等，实现旱情自动预报、灌溉用水量智能决策等功能，将进一步为农业智慧化带来翻天覆地的变化。

15

第十五章 5G与智慧教育

导言

5G“物联网”可助力智慧教育将种类繁多的设备、终端、系统连接起来，通过对教学、教研、教管各环节领域数据的实时感知、采集、监控和利用，促进智慧教育行业全价值链的信息交互和集成协作。

一、智慧教育的认知

智慧教育即教育信息化，是指在教育领域（教育管理、教育教学和教育科研）全面深入地运用现代信息技术来促进教育改革与发展的过程。其技术特点是数字化、网络化、智能化和多媒体化，基本特征是开放、共享、交互、协作，以教育信息化促进教育现代化，用信息技术改变传统模式。

教育信息化的发展带来了教育形式和学习方式的重大变革，促进教育改革，对传统的教育思想、观念、模式、内容和方法产生了巨大冲击。

微视角

教育信息化是国家信息化的重要组成部分，对于转变教育思想和观念，深化教育改革，提高教育质量和效益，培养创新人才具有深远意义，是实现教育跨越式发展的必然选择。

二、5G带给教育行业的机遇

在5G技术的带动下，教育行业或将在以下三个方向上有着巨大的市场机遇。

1."AR/VR+教育"将会再次激活

随着5G高带宽时代的到来，基于eMBB、uRLLC、mMTC三大应用场景的拓宽，曾经诸多难以实现的技术壁垒因此会被打破，使AR/VR在教育中的应用有了更多可能。

基于5G技术，VR教育还将扩展更多应用场景。

（1）可以创造出许多此前难以实现的场景教学，比如地震、消防等灾害场景的模拟演习。

（2）可以模拟诸多高成本、高风险的教学培训，比如车辆拆装、飞机驾驶、手术模拟等。

（3）能够还原历史或其他三维场景，如博物馆展览、史前时代、深海、太空等科普教学。

（4）模拟真人陪练，如英语培训中的语言环境植入，一对一或一对多的远程教学，让学生与模拟真人进行对话。

目前由于技术的限制，AR/VR在基础教育中的应用较浅，多数AR/VR企业是通过娱乐化、游戏化的形式，面向青少年及以下低龄学生提供教育产品，普及程度十分有限。随着5G技术的到来，AR/VR教育能突破技术瓶颈，将迎来新的爆发。

2.人工智能应用场景再次深化

随着5G技术的普及，人工智能技术在教育中的应用将更加"智慧"。

在5G技术下，人工智能将与物联网、大数据等技术互相融合发展，提供更加全面的数据采集和更加优化的算法模型，让人工智能模拟"人的思维方式"，更好地辅助学生学习、老师教学以及校园管理。

以学生学习为例。一方面，通过自然语言处理、自适应等功能快速帮助学生获取满足个人需求的课程，为学生提供精准教学；另一方面，技术创新必将会升级学习体验，视觉识别、语音识别等技术会进一步渗透到在线学习的各个环节，迭代出更加智能化的工具，实现学习过程中各个环节效率的大幅提升。

老牌教育企业和随着移动互联网发展起来的在线教育企业均有较深程度的人工智能应用布局，范围涵盖了学前教育、K12到成人教育等全年龄段各种类型的教育赛道，可见，人工智能已经成为教育企业的标配。5G技术下，"人工智能+教育"将朝着更广（普及度高）、更深（应用场景智慧化）的方向发展。

3.教育装备产业有望升级

5G技术作为数字化建设的基石，其物联网的应用特性或许会推动教育装备产业升级。目前多数智能教育装备的生产与研发，只有"智能性"而不具备"物联性"。

5G的到来，不仅解决了其面向人与人通信的问题，同时还解决了人与物、物与物的互连问题。因此在物联网技术下，教育装备产业可以实现翻天覆地的变化，教育装备产业升级方向包括图15-1所示的几个方面。

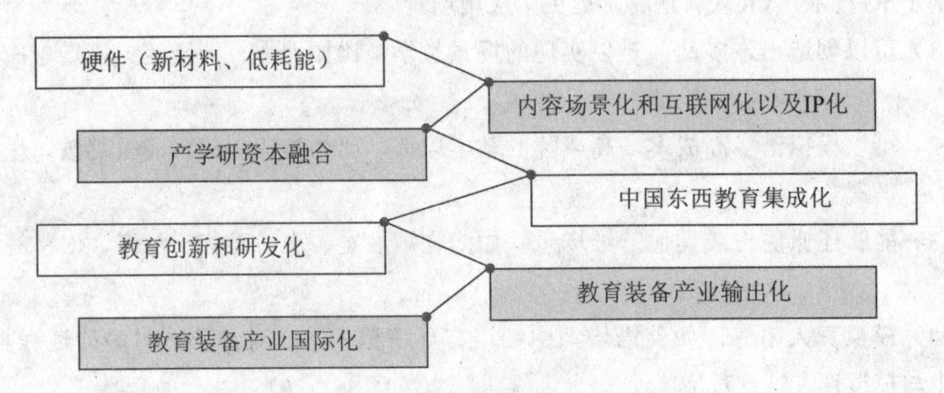

图15-1　5G时代教育装备产业升级方向

由于技术的限制，多数教育装备对数据的采集停留在终端本身，数据之间没有互联互通，不同教育装备场景下的数据不能集中反映学生的整体教育情况。

而未来，5G技术普及，物联网成为发展趋势，学习所用的教育装备都将朝着具备“物联性”的方向发展。

三、5G在教学中的应用场景

教学是教育领域的核心业务，其目标是完成对学习内容的传授，并基于学习者与内容和教学过程的反馈提供交互性的支持。在此过程中5G可以发挥重要作用，如在远程教学中通过AR/VR/全息技术改善学习体验；在互动教学中通过提供低延时、高速率的反馈促进教学效果的提升；在实验课堂中通过模拟实验环境和实验过程促进沉浸式的体验。

1.远程教学

（1）双师课堂。双师课堂是远程教学的主要场景，双师课堂主要解决乡村教学点缺师少教、课程开设不齐的难题，促进城乡教育均衡发展。

针对现有双师课堂采用有线网络承载业务存在的建设工期长、成本高、灵活性差等问题，以及采用Wi-Fi网络承载业务导致的音视频延迟、卡顿等问题，5G网络的高带宽、低时延等特性，可以实现可移动性的灵活开课，随需随用，同时，可以支撑4K高清视频传输以及低时延互动的沉浸式双师课堂应用，有效解决传统双师的交互体验问题，为双师课堂的长远发展提供有力保障。

（2）远程全息课堂。针对我国教育资源分配不均问题，通过虚拟现实、增强现实技术，以全息投影的方式，将名校名师的真人影像以及课件内容通过裸眼3D的效果呈现在远端听课学生面前，实现自然式交互远程教学。

“5G+全息投影”技术，可以解决目前中心学校与教学点资源不均，校校连接难以全面打通的局面，以全息技术为基础的智慧教学场景，通过一对一远程教学，同时可以一对多、多对一及多对多的直播互动模式，实现多地区共享优质资源，同时，全息课堂实现了不改变师生交互习惯的远程教学，教学适应性强。

预计5G的速率将超百兆，是当前4G的10～30倍，而5G端到端的时延为20～40ms，基于这些特性，其突出的亮点在于，音视频流、AR应用等需要大带宽的内容可以以极低时延传播，能够支持远程课堂无延迟的师生沟通，全息AR面对面的课堂思路更是将沉浸化体验、革命性的交互方式带给大家。

2019年2月28日，在华师一附中，通过5G网络实现全息信号传输，进行了一堂横跨武汉、福州两地的物理公开课。

现场，位于福州的华师一附中特级教师蒋大桥和位于武汉的物理高级教师苏航共同开启《光与通信的奇妙旅程》公开课。在福州、武汉两地，摄像头不再是通过长距离线缆连接，而是通过高带宽、低时延的5G网络连接，实现全息信号传输。借助“5G+全息投影”技术，师生实现异地互动，仿佛置身于立体电影之中。

2. 互动教学

5G互动教学是在传统的各种类型、各种布局的智慧课堂中，将其必要组成软硬件模块进行5G化处理，从原来的有线网络、无线Wi-Fi、蓝牙、Zigbee、NB-IoT等网络承载，转变为高带宽、高速率、高安全、低延时的网络数据传输与服务于一体的5G网络承载，在安全可靠、稳定持续、响应速度、免维护等层面，带给学校师生全新的使用体验。

微视角

相较于传统智慧课堂，5G智慧课堂通过各组成硬件终端的5G化，充分利用5G网络与生俱来的技术和业务优势，带给学校用户更快、更好、更流畅的体验。

3.AR/VR教学

基于5G的大带宽、低时延等特性，将AR/VR教学内容上云端，利用云端的计算能力实现AR/VR应用的运行、渲染、展现和控制，并将AR/VR画面和声音高效地编码成音视频流，通过5G网络实时传输至终端。通过建设AR/VR云平台，开展AR/VR云化应用，包括虚拟实验课、虚拟科普课、虚拟创课等寓教于乐的教学体验，将知识转化为数字化的可以观察和交互的虚拟事物，让学习者可以在现实空间中去深入地了解所要学习的内容，并对数字化内容进行可操作化的系统学习。

四、5G在教研中的应用场景

教研是教师工作和专业发展的重点，其根本目的是以教学质量提升为基本目标，探究促进该过程的方法和策略，并挖掘和改进自身已有的不足。在真实的教研场景中，5G可以针对传统教研过程单一的问题提供如下解决方案：提供远程的听评课支持，促进跨区域的、智能化的教学改进交流；提供虚拟和沉浸式的教研活动，促进教研的高效开展。

1.远程听评课

5G远程听评课是在传统基于录播的远程听评课系统下，将录播终端5G化，基于5G移动网络来实现近端教室进行名师授课，远端教室进行互动、旁听以及点评，促进教学反思，提升教学水平的5G教育应用。

2.在线巡课

随着计算机多媒体技术、网络技术、音视频处理等新技术的不断更新，推动了教学手段现代化进程。学校基于网络的音视频录制、点播、管理成为学校多媒体教学应用的一项重要需求，在网络已经普及到每个班级的情况下，如何通过教室内的音视频设备完成远程巡课及在线教研成为学校网络普及之后一项新的需求。

五、5G在教管中的应用场景

教育管理涵盖了多个方面的内容，首先教育管理包含与人、资产相关的安全方面的管理；其次包含了与教学、考试安排相关的教务管理；此外包含了关于学校设备的智能管控。在传统的教育管理中，由于网络处理能力的限制，上述内容多依赖人工，相对烦琐。5G支持下上述服务将更好地运用高清视频识别、智能感知等技术优势，从而变得更加高效。

1.校园安防

（1）校园智能监控。围绕学生的学习生活轨迹，从离/到家轨迹跟踪、校车人脸识别、到/离校门口无感人脸考勤、校园边界视频监控预/告警、学生校内活动监控、食堂“明厨亮灶”监控等学生出行、活动、饮食安全各环节进行跟踪、视频监控、AI分析、预警服务，为学生提供360°全方位、全过程、全天候的安全保障服务，让家长及时了解孩子的位置、在校表现；为学校管理提供强有力的安全管理手段，使得安全隐患前置化、隐患排查精细化、隐患处置数据化，打造安全的学习环境；为教育主管部门日常监管提供直观、可视的监督工具。

（2）云端安保机器人。基于5G网络将云端安保机器人、无人机与固定摄像头有机组合，建立灵活机动的天地一体化无“死角”监控应急指挥系统。包括以下两种应用场景。

①校园安保巡逻监控场景。每个安保机器人都能够替代保安，实现校园无盲点自主巡逻监控、环境监控、身份识别、车辆识别管理、校园服务、语音交互和高清视频对讲七个场景的应用服务。以5G网络融合云端机器人的方式为校园安保提供高效、智能的业务支撑，一方面节省保安人力，另一方面增加安全性。

②火灾应急救援场景。在校园某处突发火灾时，安保机器人第一时间抵达火灾现场，采集火灾现场视频，发生高层建筑物火情时，机器人命令无人机起飞至火灾发生地点，通过无人机实现空中视频采集；消防指挥人员抵达现场，机器人通过面部识别技术识别出总指挥员，上前汇报火情，同步打开胸前屏幕，播放火灾视频及消防点位置、消防员到场、被困人员资料、行动建议等信息。在本场景中，安保机器人起到了消防前哨和火灾前线指挥决策支持助手的作用，能够第一时间采集火情数据，分析、汇总火情信息向指挥员汇报，以便前线指挥员及时掌握火情信息，做出救援部署安排决策。

2.装备管理

5G装备管理的核心是对所有构成智慧课堂的5G化电教终端，进行统一管控、远程操作、可视化呈现，指引教师用好电教装备，告知学校管理者教师的信息化应用水平和电教装备的使用率，为区域教育局管理者提供决策的分析依据。装备管理从“控、管、看”三个层面，实现班级、学校、区域的电教装备的统一管控。

六、5G在学习评价中的应用场景

评价主要指对学习者的评价，评价涵盖了整个学习过程，传统评价以学习者个体的知识评价为主，而由于数据分析能力的限制，只能提供二维的报表；而学习是学习者全面发展的过程，在5G支持下，教育评价将可以通过多元、多模态的数据采集技术，获取更加复杂的音视频、测试、体质健康等方面的数据，通过边缘服务器的分析功能为学习者提供立体的、多元的、复杂的评价。

1. 学习过程评价

传统的网络环境下的学习过程评价，由于传输速度和带宽的限制，其数据采集和呈现形式相对单一，难以从学习者的全学习过程、立体的多维数据关注其学习问题和特征，也不能以多样化的、交互式的形态为其提供评价后的引导和干预，使得评价效果多流于浅层的报告展示，缺乏深层次的剖析和引导。

5G网络环境凭借其高带宽、高速率、低时延、边缘计算等特性，使得单位时间和网络单元中可以采集和传输更全面的学习过程数据，进而可以结合大数据分析技术、自然语言处理等技术实现对学习者问题的实时诊断，同时结合AR/VR/全息投影等技术实现对学习者评价报告的多维立体展现和交互式干预方案的提供。

2. 学生健康评价

（1）NB-IoT智能手环可收集学生在学校的运动和健康数据，例如行走、跑步、心率、血氧、睡眠、兴趣区域等，通过NB-IoT上传到应用平台。

（2）NB-IoT体温枪、身高体重仪、视力检查仪、血压仪等日常体检仪器的数据可通过NB-IoT上传到应用平台。

3. 学生身心健康评价

家长可周期（按周、月、学期、学年）收到孩子在校的成长档案、身体健康（运动量、饮食、睡眠、作息）等方面的变化情况，以及孩子与全校孩子的对比情况，记录学生在学校的学习和生活，以时间线的方式推送给家长。记录的场景时间类型分为六大类：睡眠（寄宿生）、用水（洗手、洗澡）、到/离校（走读生）、上课（早读/早操、课堂考勤、课堂活跃度、作业、晚自习）、就餐消费（早/午/晚餐）、其他（图书馆、课外活动、违纪事件等）。

（1）体质健康评价。体质健康监测系统是针对学校开展的各项体育教学活动、体质检测活动，通过智能化的体育教学设备、体质检测设备和智能穿戴设备，全面收集学生体质健康大数据，为每个学生自动生成青少年体质健康分析报告。

（2）心理健康评价。通过数据采集建档，系统为学生、家长、教师分别提供学生端、家长端、教师端，供他们完成测评并收集多维度的心理数据，并且为每一位学生单独建档保存测评数据。

七、5G在区域治理中的应用场景

区域治理主要面向区域教育问题的监控和改进，如对教学的督导和管理、教育资源的调配等。总体来说，传统的区域教育治理手段相对单一，更加依赖人的分析，效率不高；而在5G时代，上述问题可以得到很好的解决，如通过5G技术提供高清的远程巡考与督导，通过5G支持的多元数据分析和干预，帮助预测学习者问题，降低辍学概率。

1.远程巡考

近年来，考试违纪舞弊行为的隐蔽化、舞弊手段的现代化程度越来越高。建立教育考试网上巡查系统以后，实现多级网上巡查，对考试全过程实施全方位监控和即时录像，能有效地防范考生作弊行为的发生。同时，实施国家教育考试网上巡查又是依法治考的需要。教育考试网上巡查系统通过全程录像，为查处考试舞弊提供了有力的证据，能更有效地打击违纪舞弊行为，更好地维护国家教育统一考试的严肃性、权威性和公平性。

利用5G的高带宽、低时延特性，采集考试4K/8K巡查超高清视频数据，利用5G的边缘计算特性，对采集的海量视频信息资源进行视频数据的结构化分析，以实现相关的目标检测和跟踪、人物识别、动作识别、情感语义分析等功能，提升考场巡查视频智能考试AI行为判断核心能力，实现考生监控视频作弊行为的智能判断。

2.远程督导

传统形式的听评课，不仅需要专家们亲临现场，在组织上需要耗费不少的人力物力，而且还会影响老师的现场教学与学生们的听课情绪，使课堂教学质量水平与平时有所差异。

另外，校区分散、地理距离远、实施管理成本高，会严重影响经常性的课堂观察、教学研讨、集体会议等活动的开展。

为促进教学教研，拉动教师专业成长，需建设教学质量评估中心，辅助学生自主学习，促进区域教学资源共享，而这就需要借助5G技术来实现。

比如利用5G的高带宽、低时延特性，评价反馈更及时，交流反馈更立体；利用5G的高带宽、低时延、网络切片特性，听评课老师可更清晰地观察授课老师与学生的互动过程及兴趣点。

3.控辍保学

义务教育是国家统一实施的所有适龄儿童、少年必须接受的教育，是教育工作的重中之重，是国家必须予以保障的基础性、公益性事业。

由于受办学条件、地理环境、家庭经济状况和思想观念等多种因素影响，我国一些地区特别是老少边穷岛地区仍不同程度存在失学辍学现象，初中学生辍学、流动和留守儿童失学辍学问题仍然较为突出。因此需控制学生辍学，加大治理辍学工作力度，保证适龄儿童和少年完成九年义务教育，提高“普九”的质量和水平。

5G时代，通过以下措施可以控制学生辍学。

（1）提升农村学校教育质量，通过远程互动教学、直播等方式，开齐开足开好国家规定的课程，合理安排学生在校学习时间。

（2）加强教研机构建设，强化对农村学校教育教学工作的研究和指导，鼓励教研员采取蹲点等形式帮助农村学校提高教学质量。

（3）推进城乡学校结对帮扶，建立学区集体教研和备课制度。

（4）发挥乡村小规模学校小班化教学优势，积极开展启发式、参与式教学，充分运用信息化手段，推动优质教育资源共享，提高义务教育质量和吸引力，让孩子们从小愿意上学。

八、5G在终身学习中的应用场景

终身学习是指社会每个成员为适应社会发展和实现个体发展的需要、贯穿于人的一生的、持续的学习过程。5G环境下的万物互联可以为学习者提供精准的情境感知能力，基于感知的内容为其提供个性化的服务内容，本书中的终身学习主要涉及移动学习和MOOC（慕课）。

1.移动学习

移动学习是实现终身学习的重要方面，而移动学习的典型场景包括VR科普馆。VR科普馆将科技馆、博物馆等馆内的展览展示、科普教学内容和一些科普教育知识，用4K/8K全景摄像机等设备采集转化为VR视频内容或是通过数字化手段制作成VR应用内容，通过云平台进行内容的存储、管理和分发。展馆现场课堂中，学生将跟随展馆老师的讲解在必要处戴上VR头显沉浸式体验课程内容，这一过程在异地学校的学生将全程看到老师上课的实时场景画面，并跟随老师的指令，与展馆现场听众一样同时戴上VR头显体验。这一过程在5G的技术支持下，不论是老师授课的视频画面还是VR头显内体验的内容，都将完全与现场同步，零延时。在没有直播教学时，用户也可以通过终端访问云平台，观看学习VR科普馆上丰富的虚拟科普内容。

2.MOOC

现有在线直播产品受到时延问题及宽带的限制，无法保证远程直播的互动性。而基于5G低时延、高带宽的网络基础，在线教育产品可以变得比以往任何时候都具备更强的互动性，地理距离将不再是制约教育传递的天堑，跨越千里之外的教师与学生仿佛面对面一般，学生的每一个表情都不会逃过老师的眼睛，学生学习数据实时上传，配合适当的模型，实时反馈学生的学习状态，反向指导教师教学重点与速度也将成为可能。

传统技术因受到网络传输质量的限制，很难保证身临其境的教学效果，对于相对抽象的内容更是如此。而通过VR等显示技术，5G的低时延和高带宽支撑，让人们随时随地都可以参与一场身临其境的在线课程，在线教育与线下教育之间的隔阂将被打破；基于5G万物互联与低时延的特性，远程实操也将成为现实，传统职业教育可以打破地域限制，提高实训效率、降低实训成本，除此之外，也能够极大地降低传统职业教育中实训教育的安全风险。

九、5G在文博中的应用场景

让文物讲话，令历史重现，这正是今天博物馆的发展方向，而实现的基础离不开5G与VR/AR技术。2017年4月，文化和旅游部发布了“关于推动数字文化产业创新发展的指导意见”，这是国家层面首个针对数字文化产业的指导性文件，向全社会发出了鼓励数字文化产业积极发展的明确信号。

基于T.621移动终端动漫国际标准结合VR、AR技术，珍贵文物可转化为虚拟数字内容，并无缝整合到真实场景中。实物仍是博物馆的出发点，而蕴藏于博物馆的宝贵资源，在新技术的支持下，也正在以动漫、影视、课程等各种各样的方式出现在手机、电脑设备里，出现在客厅、厨房里，形成一个超级链接博物馆。

基于新技术可以构建线上+线下的游览新体验。

（1）在线上服务区，利用手机就可以通过3D、高清、AR互动等方式欣赏文物展览，只需一副VR眼镜，就能虚拟参观博物馆内容和世界文化遗产，同时通过短视频、直播或VR视频，听馆长和讲解员讲述背后的故事。

（2）在线下体验区，参观者可以通过视觉、听觉、嗅觉、味觉、触觉等身体感受，再现文化历史生活场景，扮演古人角色，同时在现实中看见现状，进行社交互动。古今穿越，虚实结合，新奇场景和文物体验，让古老的文物变得生动起来。

【案例一】▸▸▸

全国首个5G+智能教育应用落地

2019年3月29日上午，广东实验中学联合广东联通在广东实验中学本部高中部举行了“5G·我即校园”教育应用落地暨战略签约发布会。5G+智能教育应用响应《教育信息化2.0行动计划》，打造“智慧学习环境”，践行“人人皆学、处处能学、时时可学”的教学理念，通过端到端的5G网络连接多所校区，将多种日常教学应用承载于5G网络之上。广东省教育厅副厅长王创、广东实验中学校长全汉炎、广东联通副总经理冯华骏为大会致辞。来自各地市教育系统的领导、通信和IT行业专家、广东实验中学师生共200多人参加了此次发布会。

发布会上，首次展示了5G+互动教学系统和5G+AR/VR的教学应用，陈玲老师为广东实验中学本部和身处分校的同学同时讲解《减数分裂小结》的课程，老师在与本班学生互动的同时，还与分校学生实时交流。老师借助5G+AR/VR教学设备，将细胞分裂的过程直观、立体地展现给同学们，让抽象的双螺旋结构不再神秘，同学们表示“对减数分裂的过程认识更加清晰了，为以后知识的理解打下坚实的基础”。高带宽、低时延的5G网络让两地师生如同身处同一个教室内，实现了优质教学资源的输送，构建了高效的智慧学习环境，标志着5G在教育教学过程中常态化应用的开端。

广东实验中学携手广东联通聚力打造教育信息化发展样本，以丰富的内容和创新的模式，推动教育信息化在本校的落地，将新技术、新应用渗透于日常教与学，点亮未来课堂。

【案例二】

中国移动打造全国首批5G智慧校园项目

2019年3月，中国移动5G智慧应用项目再传捷报：经过为期一年的设计、部署及规划，中国移动在北京和深圳两地的清华大学、北京师范大学昌平校区、深圳龙岗区科技城外国语学校全面启动真5G网络下智慧校园典型场景应用的试点项目，目前已经完成三处校园的5G网络覆盖工作，为5G新技术赋能智慧校园建设打下良好基础。

两地三校的5G智慧校园应用项目是依托5G网络连续广域覆盖、热点高容量、低时延、高可靠等特点，针对教学质量提升、资源优质共享、校园智慧管理三大核心问题推出的5G智慧校园综合解决方案，包括5G智慧双师课堂、5G远程全息投影教学、5G云AR沉浸式互动学习、5G平安校园等场景。

（1）5G智慧双师课堂。5G智慧双师课堂通过中国移动云视讯会议终端，构建云+端一体化的架构体系，将名校名师的4K高清教学直播课堂传输到更多学校，尤其是老少边穷地区，让更多边远地区儿童获得优质教学资源、让更多乡村教师得到名师教研指导、让更多学习者可以随时随地接入到直播课堂中，在远程直播教学、教研、泛在移动学习等场景中获得广泛应用。

（2）5G远程全息投影教学。5G远程全息投影教学通过将本地名师的真人影像同时投射到远端多个听课教室里，打造不改变传统教学习惯的自然交互式远程教学体验，实现多地区共享优质资源。

（3）5G云AR沉浸式互动学习。5G云AR沉浸式互动学习打造了全新的学习体验：学生通过佩戴轻量级的AR眼镜终端进行虚拟课程学习，与此同时，云端强大的计算能力实现AR应用的运行、渲染、展现和控制，通过5G网络实时将AR影像传送到终端，从而完成虚拟实验操作、物体拆解等学习，培养学生的创新精神、动手能力，使课程更加生动有趣。

（4）5G平安校园。5G平安校园通过建设基于5G的平安校园场景，打造校园云端智慧管理大脑，以机器人为载体，实现人员、车辆、设备的实时监控管理与智能分析，通过巡逻监控、视觉识别分析、环境监测图像识别等应用保障校园安全、高效运行。

随着5G网络覆盖工作的全面完成，两地三校的5G智慧校园应用项目已进入具体实施阶段。

2019年7月26日，中国移动在深圳市龙岗区科技城外国语学校举办“5G+智慧教育”行业应用首发仪式，以“5G赋能教育，智慧点亮校园”为主题，上演了第一堂三地同步5G公开课。如下图所示。

公开课现场

来自教育部科技司、北师大、各省教育厅、深圳市教育局及5G智慧教育联盟成员企业等300余人出席本次活动。会上，深圳主会场和北京分会场的两位老师利用5G全息投影技术共同为现场25名孩子上了一节《彩虹的秘密》公开课。学生除了听取本地老师讲授外，还基于AR技术深入观察探究了彩虹形成的原理，并在5G全息投影技术帮助下，接受了1∶1真人比例形象的异地名师的指导。

老师和孩子们纷纷表示，5G远程全息投影和AR技术带给了他们无卡顿、无时延的真实互动体验，极大地提高了学习趣味性。本次公开课生动展现了中国移动“5G+智慧教育”的行业应用，彰显了信息技术对提升教育均衡和教育质量的助推作用。

【案例三】

5G智能巡检机器人进校园

2019年7月8日下午，中山大学南方学院图书馆里，5G智能巡检机器人正在对馆内的物资设备、人脸信息等进行巡检。在5G网络下，机器人运用AI、自动化控制等技术，可实现安防巡航、实时监测、全时值守联网巡逻，并对监测对象进行自动识别，管理人员可在办公室就能了解馆内设备与人员的实时动态，大大提高了效率，节约了管理成本。下图所示为5G智能巡检机器人在巡检。

5G智能巡检机器人在巡检

当天，中山大学南方学院与广州联通举行了战略合作签约暨5G校园启动仪式，中山大学南方学院率先成为广东省首家校园5G信号全覆盖的独立学院，共绘5G智慧教育新蓝图。据介绍，未来5G机器人的校园巡检还将在更多教务场景、校园安全中发挥作用。

参考文献

[1] 项立刚. 5G时代：什么是5G，它将如何改变世界[M]. 北京：中国人民大学出版社，2019.

[2] 李明娟，胡旺弟. 5G“重塑”医疗格局[N]. 甘肃经济日报，2019-05-30（04）.

[3] 牛梦笛. 我国首次实现8K超高清内容5G远程传输[N]. 光明日报，2019-06-28（09）.

[4] 叶青. 车路协同！国内首个自动驾驶5G车联网示范岛开建[N]. 科技日报，2019-07-15（01）.

[5] 徐贤飞，沈超，谭孝军，等. 永康门企携手华为打造5G工厂[N]. 浙江日报，2019-05-27（00002）.